Bibliografische Information der Deutschen Nationalbibliothek:

Die Deutsche Bibliothek verzeichnet diese Publikation in der Deutschen National-
bibliografie; detaillierte bibliografische Daten sind im Internet über http://dnb.d-
nb.de/ abrufbar.

Impressum:

Copyright © 2016 GRIN Verlag, Open Publishing GmbH
Druck und Bindung: Books on Demand GmbH, Norderstedt Germany
ISBN: 9783668237490

Dieses Buch bei GRIN:

http://www.grin.com/de/e-book/334058/100-jahre-gravitationswellen-das-ligo-
projekt-und-die-unmoeglichkeit-der

Alfred H. Dürr

100 Jahre Gravitationswellen. Das LIGO-Projekt und die Unmöglichkeit der Messung

GRIN Verlag

Inhalt

Alfred Helmut Dürr

100 Jahre Einstein´sche Gravitationswellen

- nur im Computer erfunden? Ist unsere Spitzentechnologie am Ende? Benötigen wir eine nachhaltige Forschungswende?

Warum wir mit großer Wahrscheinlichkeit keine Gravitationswellen, die Albert Einstein vorausgesagt hat, messen können!

Leider ist der Nobelpreis für das LIGO-Projekt (USA) in weiter Sicht. Am 22. Juni 1916 hat Einstein selbst in seiner Vorlesung an der Königlich Preussischen Akademie der Wissenschaften entsprechende theoretische Gründe dafür angegeben (1)

Albert Einstein konnte vor 100 Jahren mit seiner Allgemeinen Relativitätstheorie (ART) wohl berechnen, dass Gravitationswellen (GW) wie alle elektromagnetischen Wellen sich mit **Lichtgeschwindigkeit** ausbreiten (2). Er vermutete weiter, dass die GW als "Raumkrümmungen" unsichtbare, nicht wahrnehmbare "Energie" in Form von Wellen weiterleiten könnten. Die Energieausstrahlung sollte von der Masse der beschleunigten Körper abhängen. Selbst aber bei sehr grossen Massen, wie Sterne oder "Schwarze Löcher" hätte diese Energie, nach den Berechnungen Albert Einsteins vor 100 Jahren, aber einen praktisch verschwindenden Wert (3). Wie bei allen Wellen könnte man die Größen der GW wie Geschwindigkeit, Wellenlänge und Frequenz mit der Wellengleichung ($c = \lambda\, f$) berechnen. Ein möglicher Energietransport ist, nach Einstein, aber von der richtigen Symmetrie der Wellen abhängig. So können gerade die Longitudinal -und Transversalwellen (Typen a,b,c,) keine Energie transportieren (4). Jene Raumkrümmungen sollten aber beim LIGO-Experiment verantwortlich sein für eine **spürbare mechanische Stauchung und Streckung der gesamten Interferometer-Apparatur!**

Der Physiknobelpreisträger Einstein beweist nun mit seinen eigenen
Berechnungen, dass auf der Erde keine Energie der Gravitationswellen
ankommt, die man mit der LASER- Methode messen könnte.

Unmessbarkeit der Gravitationswellen

Nach den Vorstellungen der LIGO-Forschern (USA) hätten diese
unsichtbaren Gravitationswellen als "Raumkrümmungen" am 14. September
2015 wie von Geisterhand" die als anfangs "fest angenommene Länge" der
Interferometer- Apparatur kurzzeitig (innerhalb 0,2 Sekunden) um das
Tausendste eines Atomkerndurchmessers (10 hoch Minus 21) verändert.
Das hätte bedeutet, dass die Phasenverschiebung der beiden überlagerten
LASER-Strahlen mit einer Wellenlänge von ca. 40 Millionstel Meter (400
nm) dabei nur ein Trillionstel betragen hätte, wenn dieser Effekt durch das
"Spiegel-Zittern" (Schwingungszahl ca. 200 mal pro Sekunde) überhaupt
ausgelöst worden wäre. Dieses minimale Interferenzmuster (helle und
dunkle Streifen) lässt sich aber gar nicht mehr mit optischem Messgerät
wahrnehmen und ist so unmessbar.

Es stellt sich ebenso die Frage, ob die Spiegel -Apparatur zum einen mit ihrer
thermischen und teilabsorbierenden Oberfläche und zum anderen mit ihrer trägen
Masse überhaupt in der Lage wäre, so empfindlich für eine solche eingehende
Störung zu sein oder ob eben der Computer diese Schwingung einfach aus
einem "Rauschen- Signal" errechnet hat.

Ein gewichtiger Grund für die Unmeßbarkeit der GW ist ihre Geschwindigkeit c,
die identisch ist, mit der des Lichtes. Der Beobachter, der sich mit der GW
mitbewegt, sieht die Wellenbewegungen des LASERs eingefroren, fest stehend,
somit auch den Spiegel unbewegt, in Ruhe. Ähnlich würde ein Beobachter, der
auf dem LASER sitzend die GW in Ruhe sehen.
Das ähnelt dem, wenn man gleich schnell läuft, wie der Wind weht. Obwohl der
Wind wirklich weht, spürt man ihn nicht. Man kann den Wind vom Bezugssystem
des Läufers aus auch nicht messen.

Beim **Mössbauer-Effekt** (Rückstoßfreie Kernresonanzabsorption) wird ähnlich der eigentlich wirklich auftretende Rückstoß, den die Gammaquanten auf den Atomkern ausüben, nicht messbar. Dazu wird nun der gesamte Kristall mit den Gamma- strahlenden Atomkernen im Innern mit der gleichen Geschwindigkeit mit- bewegt, wie die Atomkerne durch ihren Rückstoß bewegt werde. So bleiben die Atomkerne relativ in Ruhe und "spüren" eigentlich den Rückstoß nicht mehr. Dabei wird das zuvor aufgespreizte Gamma -Signal sehr scharf!

Aber auch die Wellenlänge der GW von ca. 1500 km hätte die LIGO-Apparatur nicht wahrnehmen oder messen können, da sie einmal gar nicht so lang und weiter auch nicht unabhängig von anderer Materie getrennt ist. Dagegen können die militärischen Antennen in Wisconsin (USA), die tausende Kilometer lang sind, elektromagnetisch den Kontakt mit den getauchten U-Booten herstellen.

Albert Einstein schrieb vor 100 Jahren im Nachtrag:

"Das seltsame Ergebnis, dass Gravitationswellen existieren sollen, welche keine Energie transportieren (Typen a,b,c) klärt sich auf einfacher Weise auf. Es handelt sich nämlich nicht um "reale" Wellen, sondern um "scheinbare" Wellen, die darauf beruhen, dass als Bezugssystem ein wellenartig zitterndes Koordinatensystem benutzt wird." (5)

Einstein möchte damit aufzeigen, dass jene Raumkrümmungswellen, jenen abstrakten, "scheinbaren" Raum-Geometrisierungen überhaupt kein reales Energie-Signal übertragen können, so dass man deshalb auch keinen konkreten Messwert erwarten kann.

Umgekehrt wird in Wirklichkeit, das ist experimentell bewiesen, die Energie von "realen" Wellen, wie Druckwellen (z.B. die Longitudinalwelle Schall) durch Medien, die aus elastisch gekoppelten Oszillatoren aufgebaut sind (Luft, Wasser,Stein) und die hierbei in Ausbreitungsrichtung schwingen, weitergeleitet. Die Geschwindigkeit der Wellen ist konstant und abhängig vom Material, die einzelnen elastischen "Schwinger" in den Körpern werden dabei jeweils nacheinander versetzt beschleunigt.

Bei den "scheinbaren" Wellen umgekehrt fehlt diese elastische Kopplung der Bauteilchen als qualitative Körpereigenschaft, wie man es deutlich an einer

"Kornfeld-Welle", einer "Haar- Dauerwelle" oder der "La Ola-Welle" im Fußball-Stadion sehen kann. Scheinwellen können keine Energie transportieren und so auch keine Wirkungen auf ein Messgerät ausüben. Sie sind ebenso energetisch unmessbar.

Da Einstein in seiner Berechnung der ART die Gravitation nur als eine **"Geometrie der Raumkrümmung"** aber ohne einen "Äther" ent-dinglicht hat, so kann in dieser rein quantitativen, mathematischen Größe keine physikalische Eigenschaft (z. B. elastisch gekoppelte Bauteile) "stecken". Die Geometrie ist kein reales "Ding" und sie kann so auch keine realen Dinge oder Vorgänge bewirken. Nach dem Physiker und Philosophen Paul Lorenzen ist "die **Geometrie eine Idealwissenschaft**" (6), sie wird allein durch den Formbegriff begründet, sie existiert nur in der menschliche Vorstellung und so ist z.B. ein imaginärer" Kreis" nicht fähig, eine materielle, reale Rollbewegung zu erzeugen. Für Lorenzen ist auch die Zeitmessung mit Uhren (Chronometrie) eine rein mathematische „Idealwissenschaft".

1. Das LIGO- Experiment ist kein wissenschaftstheoretischer Beweis

Im Folgenden soll untersucht werden, ob der gesamte wissenschaftliche Beweisaufbau für die astrophysikalische Behauptung eines Existenznachweises von jenen unsichtbaren, nicht wahrnehmbaren Gravitationswellen (GW) durch die LIGO- Apparatur nicht spekulativ, logisch vollständig, eindeutig, also widerspruchsfrei und wissenschaftlich, also reproduzierbar ist.

Beweisaufbau spekulativ

So unterliegt die dabei angewandte empirische Erkenntnismethode der von "Versuch und Irrtum" bei dem experimentellen Suchen im Heuhaufen, nämlich im **"Hintergrund-Rauschen"**. Jegliche naturwissenschaftliche Erkenntnis beruht immer umgekehrt auf einer genauen Kenntnis der Anfangsbedingungen des zu untersuchenden Phänomens. Dieses Wissen ist aber bei der Messung jener Gravitationswellen (mit LIGO- Detektoren, USA) überhaupt nicht gegeben. Man suchte willkürlich in einem Wellenbereich (LIGO: Frequenz von 60-250 Hz). Dabei konnte die eigentliche Erzeugung der GW weder beobachtet noch genau vermessen werden. So existieren überhaupt keine genauen, realen **Anfangsbedingungen.**

Ebenso besitzen die parallel dazu angefertigten hypothetischen Simulationen (bunte Bilder oder Video-Sequenzen) über von unsichtbaren, sich gegenseitig beschleunigenden "Schwarze Löchern" (in 1 Milliarde Lichtjahre Entfernung) leider keinen Realitätsgehalt. Es handelt sich hierbei nur um Spekulationen.

Der Beweisaufbau ist aufgrund des Fehlens genauer und realer Anfangsbedingungen rein spekulativ!

Beweisaufbau logisch unvollständig

Weiter gibt es auch keinen eindeutigen, logischen Schluss von der konkreten Messung und Berechnung des Phänomens zurück auf die davon abgeleitete abstrakte, mathematische Theorie der Existenz eines Gravitationswellentransports und ihres Erzeugers.

Die Situation ist vergleichbar mit der in der Chaos-Theorie: dem Endausschlag der Pendelmasse beim hypersensitiven **Chaos-Pendel** (7), entweder zum Nord- oder Südpol zu schwingen, sagt ebenso nichts über seinen Anfangsort aus.

Durch das **Dreikörperproblem** (Henri Poincare´) existiert für uns Menschen eine Wissensgrenze, so dass man über die Bewegung von 3 Körpern (z.B. Erde, Sonne, Mond) keine genaue Aussage machen kann.

Das bedeutet, dass sowohl über die Erzeugung der GW wie auch über den Transport der GW keine exakte, reale, eindeutige Kenntnis vorliegt. Sie liegen uns im Dunkeln, sie fehlen unserer Erkenntnis.

Der Beweisaufbau ist logisch unvollständig, da nicht zurück auf Erzeugung und Transport der GW geschlossen werden kann.

Beweisaufbau widersprüchlich, nicht eindeutig

Weiter ist es unmöglich, von einem reinen **Wahrscheinlichkeitszustand des Rauschens** aus, hier ist es das mechanische Spiegel- Zittern, eindeutig auf jene abstrakte, kosmische Raum- Zeit-Deformations-Hypothese zu schließen. In der Statistik des LIGO-Experiments wird dabei von einem Fehler 1 : 200 000 ausgegangen. Doch kann dieser Fehler immer eintreten, auch vielleicht bei der erfolgten Messung der GW.

Ähnlich scheiterten die so genannten Sicherheitsexperten der als Spitzentechnologie eingeschätzten Atomkraft mit ihrer Sicherheitsprognose von 1: 100 000 , d.h. ein Kernschadensfall in 100 000 Jahren? In Wirklichkeit sind seit den vergangenen 60 Jahren über 20 katastrophale **Kernschmelzen** (alle 3-5 Jahre) passiert, die überhaupt keine Vorsorge und keine Betriebsgenehmigung zulassen. Millionen von Menschen wurden und werden weiter durch Radioaktivität verseucht, vergiftet und getötet.

Das als ebenso hochtechnologische Forschungsprojekt geltende LIGO-Experiment tötet wohl in diesem Zusammenhang natürlich keinen Menschen, aber es würde, wenn es als nobelpreiswürdiges Verfahren anerkannt werden sollte, das Scheitern mancher Spitzentechnologie aufgrund statistischer Berechnungen, wie die der Kernkrafttechnologie, weiter zu leugnen helfen.

Das beim LIGO- Experiment benützte Computerprogramm "denkt" leider nicht wie die "Natur", sondern rechnet, filtert und erzeugt "digitalisiert" Bilder. Aber auch der "analog lebende" Mensch ist gegenüber der Komplexität der Natur und des Lebens unfähig, ein wahres Gesamt-Wissen darüber zu erlangen. Die technischen, digitalisierten Denkmaschinen führen ja nur als Knechte die von menschlichen Wissenschaftlern meist willkürlich eingegebenen, mathematischen Befehle (Algorithmen) aus. Sie können nicht über den Tellerrand, über die mathematischen Formeln hinaus weiter denken. Man darf von ihnen keine Wunder erwarten, dass sie plötzlich "unbekannte Kräfte" errechnen könnten.
So könnte es zu der nur "numerisch relativen, rechnerisch gefundenen Wellencharakteristik" (im LIGO -Computer), die voll im "Rauschen" liegt, ein geeignetes reelles "Störsignal" aus ihrer Umwelt geben. Der gemessene Effekt könnte aber so auch durch einen der unzähligen, meist unbekannten Beschleunigungs- oder Abbremsvorgänge in der natürlichen (z.B. Asteroiden) und technischen Umwelt (Millionen von Fahrzeugen, von Fallbewegungen mit Ausschwingungen) auf der Erde ausgelöst worden sein.

Als man versuchsweise vor einem tonnenschweren Elektronenmikroskop nur leicht in die Hände klatschte, sah man kurz danach im Innern der Apparatur die dort abgebildeten Atome zittern.

Es ist so unmöglich, im Rauschen ein "eindeutiges", widersprüchliches Signal zu finden.

Der Beweisaufbau ist deshalb widersprüchlich!

Beweisaufbau unwissenschaftlich

Der Physiker überprüft seine Hypothesen und Theorien (hier die Theorie der GW) experimentell durch geeignete Messungen. Laut Paul Lorenzen " *müssen seine Messungen aber an beliebiger Stellen in Raum und Zeit reproduzierbar sein...Präzisionsmessungen müssen Approximationen an ein - wie man seit Platon sagt - Ideal sein, sonst wären sie nicht beliebig reproduzierbar."(8)*

Eine **Reprozierbarkeit** der Messung und Berechnung von GW ist aber neben dem LIGO -Experiment nicht gegeben. Man müsste, um die Eindeutigkeit der GW- Theorie beweisen zu wollen, überall und jederzeit die Signale messen können.

Ebenso wurde neben der "Messung" des Higgs-bosons in CERN, die ebenso ein Schließen aufgrund Tertiär-Teilchen im Rauschen voraussetzte, eigentlich keine reproduzierbaren Experimente durchgeführt, die dann eine "Theorie des Higgsfelds" vollständig und logisch beweisen hätte können.

Der Beweisaufbau ist durch fehlende Reproduzierbarkeit unwissenschaftlich.

2. Verschränkung von Mensch, Messung und Natur

Hier soll ähnlich, wie der französische Philosoph Henri Bergson, der die Theorie Einsteins, im Besonderen den Michelson- Morley-Versuch mit dem Interferometer, physikalisch und philosophisch scharf analysiert hat,

die Verschränkung des Menschen mit der Messung und der zu untersuchenden
Natur untersucht werden.

*" Wir wollen alle Übergänge zwischen dem psychologischen und dem
physikalischen Standpunkt, zwischen der Zeit des gemeinen
Menschenverstandes und der Einsteins berücksichtigen..."(9)*

Die heutige analytische und materialistische Schulwissenschaft klammert oft den
Menschen einfach bei naturwissenschaftlichen Experimenten aus. Das heißt, die
Erkenntnis über die Natur geschieht unabhängig vom Menschen. Bei jeder
Wahrnehmung, bei jedem Experiment ist aber immer der Mensch als Beobachter
beteiligt. Die Quantenmechanik und die Relativitätstheorie haben gezeigt, dass
der Beobachter nicht von der Messung ausgeschlossen, separiert werden kann.

**Der Mensch ist durch immer seine Wahrnehmung und durch seinen Mess-
und Berechnungsvorgang unwillkürlich mit der Natur verschränkt!**

Unsere menschliche Erkenntnisgewinnung beruht auf sinnlicher Wahrnehmung
(Sehen, Hören, Riechen, Schmecken, Fühlen) von Information, von Signalen, die
in Form von Energieübertragung von den Objekten zu uns gelangen. So besteht
jedes **reale Informationssystem** auf 3 Komponenten:

- Existenz eines Energie- Senders (Signal Abgabe). Natur, Objekt
- Existenz eines Energie-Mediums (Signal-Transport) Natur
- Existenz eines Energie-Empfängers (Signal- Aufnahme) Mensch, Subjekt

Alle drei Energie-Komponenten müssen gleichartig, von gleicher Natur
(elektromagnetisch, mechanisch, thermisch, chemisch) sein. Sie müssen zudem
in der Lage sein, dabei ein bestimmtes, physikalisches Signal abgeben,
transportieren und empfangen zu können. Alle 3 Komponenten sollten im
gleichen Energiebereich, im gleichen Wirkungsbereich (Wirkung = Energie x Zeit),
also in **Resonanz** zueinander, liegen:

Beispiel: Hund (Lichtquelle) - Licht (Medium: Luft, Wasser) -menschliches Auge
(Lichtempfänger) - folgt Hund existiert!

a) kein Hund, trotz Licht und Auge folgt: kein Hund existiert!

b) kein Licht (im Dunkeln), trotz Hund und Auge folgt: kein Hund existiert!

c) Hund und Licht auf einer Insel, kein Mensch (kein Auge) folgt: kein Hund existiert!

d) Bellender Hund (Schallquelle) im Dunkeln - Luft (Schall-Medium) - menschliches Ohr (Schall-Empfänger) folgt: Hund existiert!

e) Verborgener Wecker läutet (Schallquelle)- im Vakuum (kein Schall-Medium). - trotz Ohr (Schallempfänger) folgt: Wecker (Läuten) existiert nicht! (keine Geräusche oder Musik im Vakuum des Weltalls).

Fehlt nur eine der Komponenten, dann kann der Mensch keine wahre, reale Information wahrnehmen. Alle Komponenten müssen nacheinander sich bedingend und gleichartig existent, observabel, erkennbar sein, nur dann kann eine vollständig, logisch widerspruchsfreie Wahrnehmung existieren. Nur so ist auch diese Information offenkundig und plausibel existent und nicht absurd in unserer jeweiligen Verstehensumgebung oder "Familienähnlichkeit" (nach Wittgenstein).

Deshalb hängen die Eigenschaften der Naturobjekte immer auch vom Übertragungsmedium und natürlich auch von der Beziehung zu unseren Sinneswahrnehmungen ab. Objektiv wahr sind eigentlich nicht die Dinge, sondern nur ihren Wechselwirkungen mit uns. Diese Erkenntnis äußert sich dann in bestimmten Gesetzen.

Beim LIGO-Experiment fehlen uns aber zwei Energiekomponenten, nämlich die der Wahrnehmung von Sender und Medium. So kann allein durch die Messung und Berechnung von GW nicht auf die Existenz von GW geschlossen werden.

2b) Wahrnehmung, Semiotik und Erkenntnis

Den Weg von der Wahrnehmung (durch unsere Sinnesorgane) bis zur Identifizierung des Objekts mit einem gedachten, im Gehirn gespeicherten Begriff verfolgt die Zeichentheorie (Semiotik) weiter.

Sie unterscheidet zwischen dem **Wort**, dem **Begriff** und dem **Ding**. Dabei gibt das Wort (der Name) dem Ding "Gravitationskraft" nur einen "leeren" Namen, der Begriff "Gravitationskraft" bezeichnet das mit unserem Denken verstandene Ding. Das Ding selbst, die "Gravitationskraft" ist das äußere, meist unverstandene Objekt.

Alle drei bilden dabei ein **semiotisches Dreieck,** welches schon auf Aristoteles zurückgeht (10). Es existieren in unserer Erkenntnis also 3 wirklich verschiedene Wesenheiten für ein und derselben Sache.

Physiker und Astrophysiker können das Wort "Gravitationswellen" nur als leeres Zeichen oder Worthülse deuten, weil sie zum einen seinen Begriff nur denken können, er nur in ihrer Vorstellung existiert, zum anderen weil sie sein reales "Ding" nur im **Modell** erkennen können.

Trotzdem fertigen diese "Wissenschaftler" die schönsten, farbigen **Bilder** (in den Fachzeitschriften) von diesen Phänomene (Urknall, Schwarze Löcher, Gravitationswellen) an, die aber völlig dunkel, völlig unsichtbar sind. Dabei werden die Wissenschaftler von ihren eigenen Gedankenkonzepten gefangen gehalten, denn die Natur hat nicht oder noch nicht auf ihre eigentliche Frage geantwortet. Ist das, was sie berechnet und gemessen haben, eine wirkliche GW? Wie es der Physiker und Philosoph Friedrich Freiherr von Weizsäcker ausdrückte, entspricht jedem physikalischen Experiment ein Verhör der Natur, die Wissenschaftler stellen dabei eine Frage und da die Natur nicht reagiert, müssen die Wissenschaftler auch immer die Antwort selbst geben.
Auch die LIGO - Wissenschaftler müssen die Antwort selbst liefern, sie wird nicht von der Natur ge-liefert, sondern "erscheint" nur in ihren Mess- und Denkmaschinen. Die Wissenschaftler machen ihre Experimente hinter dem Rücken der Natur oder wie es Aldous Huxley (bekannt durch seine Dystopie: „Schöne neue Welt") es ausdrückte: „Wissenschaft beruhtauf dem Glauben, dass die Gesetze unseres Denkens mit den Gesetzen der Natur übereinstimmen."

3. Äther zwischen Nichts und Materie?

a) Das Nichts

Umgekehrt ist es beim "Nichts" (nihil) : kein Sender, kein Überträger, kein Empfänger! Hier ist also "keines" (nullum) existent. Unsere psychische Wahrnehmung kann keine Information (kein Signal) und somit keine Energie erhalten ! Keine Neuigkeit, keine Komplexität, kein Begriff und keine Bedeutung! "Von Nichts kommt Nichts!" Nichts ist nichts, d.h. es gibt in unserer Welt das Nichts nicht!
Nach den altgriechischen Orphikern erzeugte Chronos aus sich selbst das Chaos als "hohler Raum ohne festen Grund".

b) Die Materie

Bei den griechischen Philosophen Demokrit, Leukipp und Epikur bestand die gesamte Welt aus Atomen (atomoi) und dem "Nichts". Spätere Philosophen leiteten aus dieser Dualität den Materialismus ab.
Bis zum heutigen Tage wird oft nur ein Teil der Realität, die Welt der Dinge, aus kleinsten Bauteilchen , den Atomen u.a. bestehend gesehen. Durch die Untersuchungsmethode der Analyse, des Zerschneidens, des Auftrennens, des Aufteilens werden ihre wichtigen **Wechselwirkungen** zueinander, ihre Kraftfelder, die sie zusammen halten, meist vergessen.
Doch existieren in allen unseren Körpern zwischen den Atomen "Hohlräume", die z.B. bei einer Hauch dünn gewalzten Goldfolie vorhanden sind: man kann durch sie hindurch sehen!

c) Die "Raummaterie"

Bei Albert Einsteins Theorie soll das Gravitationsfeld nicht im Raum, sondern der Raum selbst sein. In der ART sind beide eins, als eine Entität oder Ganzes, Raum als eine Erscheinungsform der Materie, als "Raummaterie" zu verstehen. Der "leere Raum" zwischen den Sternen, Galaxien oder Galaxienhaufen kann aber nicht aus " Nichts" bestehen, denn es herrschen ja reale Abstände zwischen ihnen, er ist von Gravitationsfeldern, elektrischen und magnetischen ihre Feldern durchsetzt, von elektromagnetischen Wellen durchflutet und enthält auch materieller Staub. Wenn der Raum als Materie auf zu fassen ist, dann kann nach einer empirisch überprüfbaren Erkenntnis dort, wo sich Materie/Energie befindet, nicht gleichzeitig eine zweite Materie/Energie vorhanden sein. So bleibt die Frage übrig, ob der "leere Raum" doch aus einer "unsichtbaren und veränderbaren Substanz", dem Äther besteht?

d) Der Äther

Nach der Einstein'schen Theorie ART gibt es ja keinen Äther. Dann müsste sich ihre hypothetische 4-Dim- Raum/Zeit-Welt ebenso selbst die Eigenschaft haben, sich auszudehnen oder zusammen zu ziehen?
Der leere, absolute Raum kann aber dies nicht tun. Wir müssen, um Eigenschaften von Phänomenen im Raum zu definieren, einen "materiellen Körper" voraussetzen. So kommen wir wieder zum Äther.

Gibt es doch einen Äther? Nach den altgriechischen Orphikern erzeugte Chronos auch aus sich selbst den "windstillen Aither." Bei Aristoteles ist er das 5. Element, die "Quintessenz", als eine massenlose, unveränderliche, ewige Substanz.

Der im 19. Jahrhundert theoretisch als gültig angenommene physikalische "Licht-Äther" diente als Übertragungsmedium. Dabei wurde der Sender
(Stern oder Sonne), der seine elektromagnetischen Wellen an den Äther abgibt, als Energiequelle angesehen. Am Ende wird die elektromagnetische Welle von einem Empfänger aufgenommen.
Der unbewegliche "Äther" wäre hier ein Träger, ein zusätzlicher Stoff im "leeren Raum", der für die Weitergabe, die Übertragung elektromagnetischen Wellen verantwortlich ist, ähnlich dem Träger, dem Medium (Luft, Wasser, Erde) für Druckwellen (Schall, Wärme). Letzterer funktioniert aufgrund der elastischen Kopplung der Bauteile (Atome, Moleküle, Ionen) in der Materie. Der Äther könnte aber auch aus gekoppelten Oszillatoren bestehen, und so wenn überhaupt existent, jene GW weiterleiten. Ihre Druckwellen könnten dann auch im Michelson- Interferometer nachgewiesen werden, die auf den freihängenden Spiegel einwirken und so einen Ausschlag bewirken.
Niemand auf der Welt weiß, ob es diesen, das gesamte Weltall durchdringenden Stoff "Äther" mit jenen oben geschilderten Eigenschaften wirklich gibt oder nicht gibt, man kann nämlich den Äther nicht wie z. B. Luft einfach aus einem

abgeschlossenen Gefäß absaugen und dabei ein Vakuum mit absoluter
Drucklosigkeit (" horror vacui") , wie im Weltall erzeugen.
Man weiß also nicht, ob es bei Vorhandensein eines homogenen Äthers
Bewegungen im Äther, also "Ätherwinde" gibt, die man dann vielleicht auch
messen könnte? Oder umgekehrt, dass dieser rein elektromagnetische Äther
keine "dunklen Signale" durchlässt und transportiert?

Nach dem Physiker und Philosophen Henri Bergson liefert aber der Versuch von
Michelson-Morley (1887), nämlich mit einem **Interferometer** keinen Äther
gefunden zu haben, keinen Beweis für die Nichtexistenz des Äthers.(11) Bergson
wie der Physiknobelpreisträger Hendrik Antoon Lorentz (bekannt durch die
"Lorentztransformation") kann für die Existenz eines Äthers eine widerspruchsfreie
Theorie angeben.

e) Materie und Energie im Raum

Alle Materie auf der Erde und im Weltall ist fähig, elektromagnetische Wellen
mit ihren Atomen/Elektronen zu erzeugen. Sie besitzen die Eigenschaft, diese
Energie abzustrahlen, zu reflektieren, abzubremsen oder zu verschlucken. Die
Körper sind dazu fähig, weil sie selbst aus elektromagnetischen Bauteilen
(nach Prof. Hans-Peter Dürr: **"Wirks"** genannt) bestehen, die alle miteinander
über elektromagnetische Bindungen zusammen gehalten werden. Der Blick zum
Himmel und viele Experimente zeigen, dass diese Energie-Wellen (die aus einer
Verschmelzung von magnetischen mit elektrischen Feldern zustande gekommen
sind) auch durch das "Vakuum hindurch" sich bewegen können.

4. Grenzen der Wahrnehmung

Eingeschränkt ist unser psychische Wahrnehmungsbereich, eingeschränkt sind
unsere Sinnesorgane und Messgeräte, die nur in einem bestimmten Bereich
(Arbeitsbereich) Signale wahrnehmen können. So existiert für uns Menschen und
für unsere Maschinen (Messgeräte + Computer) vieles Unsichtbares, Unerhörtes
(z.B. Gammastrahlung, Ultraschall).

Begrenzt wird unsere Messung grundsätzlich durch Natur-Schranken im Makrokosmos, wie die Lichtgeschwindigkeit als obere Grenze (so macht es wenig Sinn z. B. ein cartesisches Weg-Zeit-Koordinatensystem zu zeichnen, da es nach Einstein die Gleichzeitigkeit im Raum, die x- Achse, gar nicht gibt) oder im Mikrokosmos, wie die Brownsche Molekularbewegung (thermisches Rauschen), die Landauer-Grenze

  (Löschung von Information) und die quantenmechanische Unschärfe (wir können keine Frequenz größer als 10 hoch 43 messen) als untere Grenzen.

5. Anwendung unseres Informationsschemas auf jene Gravitationswellen

a) Existiert ein Sender für jene Gravitationswellen?

Die Messung von jenen Gravitationswellen beruft sich auf die angenommene, hypothetische Existenz von "Schwarzen Löchern" (SL) und anderen dunklen Phänomenen, die man aber nicht sehen, nicht direkt wahrnehmen kann. Da sie "dunkel " sind, entweder weil ihre Masse zu gross ist, dass selbst Licht nicht aus ihnen entweichen kann oder weil sie aus " Dunkler Materie" bestehen, geben sie überhaupt keine elektromagnetischen Signale ab und wechselwirken auch mit ihnen nicht. Man schließt auf sie nur indirekt, aufgrund des Bewegungsverhaltens anderer Körper in ihrer Nähe. Obwohl sie "dunkel" sind, vermutet und spekuliert man, dass sie eine Art von "Kraftfeld" um sich herum besitzen.
Ob dieses wirklich identisch ist mit den Gravitationsfeldern unserer schweren Massen (baryonisch aufgebaut: Planeten, Sterne u.a.) ist völlig ungewiss. Ebenso ist überhaupt nicht sicher, ob bei einem Zusammenstoß von so genannten " Schwarzen Löchern" oder " Neutronensternen" , also durch Überlagerung (Superposition) ihrer beiden unbekannten "Gravitationsfelder" überhaupt so viel Energie und "Druck" frei werden würde, um daraus eine neue "Gravitationswelle" als Energie-Information oder so was ähnliches zu bilden. Anhand einer bestimmten Form von Galaxien, kann man auf mögliche Kollisionen schließen, die sich aber sehr langsam ohne große Störungen durchdringen. Warum ist dies nicht auch bei schwarzen Löchern oder Neutronensternen möglich? Wie nahe können sie sich überhaupt kommen? Welche Gesetze gelten

bei ihrer vermuteten Annäherung? Gilt der Drehimpulserhaltungssatz? Ziehen
sich Schwarze Löcher überhaupt so an, wie die schönen Simulationen der
Astrophysiker es zeigen?

Es fehlt jegliche reale Erkenntnis, jegliches Wissen über die Wirklichkeit dieser
dunklen Objekte.

Für die Existenz von Sendern für GW lässt sich also nichts direkt, noch nichts
indirekt finden. Es fehlen auch einfach jegliche Anfangsbedingungen! Haben
schwarze Löcher überhaupt eine Gravitation? Wirkt diese nur innerhalb des SL
bis zum Schwarzschildradius und nicht außerhalb? Alle Vorgänge, die innerhalb
verlaufen, sind unsichtbar.

Was ist Gravitation?

Nur bei elektromagnetisch aufgebauten schweren Massen sollen ab einer
bestimmten Größe (18 km Durchmesser) wirklich nachweisbare reale
"Gravitationsfelder" vorhanden sein. Dabei soll das Gravitationsfeld von einer
schweren Masse erzeugt worden sein.

a) Gravitation als "mathematische Raumkrümmung"?

Nach der Relativitätstheorie Albert Einsteins soll man sich modellhaft dieses
Anziehungskraftfeld geometrisiert als eine Art von "Raumkrümmung " vorstellen.
Durch diese Geometrie als mathematische Konstruktion von einer Art "Raum-
Mulde" werden alle trägen Massen, die in diesen " gekrümmten Raum"
gelangen, entsprechend in ihrer Bahn abgelenkt. Diese Abweichungen lassen
sich wieder mit Hilfe der Einstein´schen " Raumkrümmungs-Formeln" berechnen.
Ungewiss bleibt, ob dabei der Raum selbst allein nur durch eine schwere Masse
gekrümmt wird oder ob im und neben dem leeren Raum zusätzlich, d.h. additiv
noch ein Gravitationsfeld existierend wirken kann. So gibt es ja Lösungen der
Einstein´schen Feldgleichungen, die eine "Raumkrümmung" auch schon ohne
Massen ergeben (R ab -1/2 R g ab= T ab). Heißt das aber, es gibt dann schon
überall gekrümmter Raum, überall Gravitationsfelder?
Der Einstein´sche Krümmungstensor soll der Energie der Materie proportional sein,
d.h. der Raum krümmt sich dort, wo Materie ist. Was würde passieren, wenn der
Raum schon zuvor gekrümmt wäre?

Nach der ART wird ein materieller Körper nur durch den "gekrümmten Raum" (als Ursache) auf eine "gekrümmte Bahn" (als Wirkung) gebracht. Wir sehen aber psychologisch im Raum keine Strukturen, keine Dichteunterschiede (Kugelflächen, u.a.) ! Bei den Simulationen mit verformten Tüchern u.a. sehen wir natürlich die realen modellhaften gekrümmten Flächen und die auf ihnen und von ihnen erzwungenen gekrümmten Bahnen. Doch in der Wirklichkeit sieht man keine **gekrümmte Flächen**, u.a.

Andere Gravitationsmodelle

Bei allen möglichen Modell-Theorien für Gravitation gibt es immer auch Eigenschaften, die man nicht erklären kann, die nicht kompatibel sind.
So erklärt die ART mit Hilfe der Raumkrümmung aber nicht die Anziehung zweier Körper. Ebenso erklärt sie nicht die Schwerkraft und die Trägheit (Machsches Prinzip).

.

b) Gravitation als spürbare Anziehungskraft (Zugkraft-Theorie)

Newton geht mit seinem Gravitationsgesetz von einem absoluten Raum aus, in den Zentralkräfte zwischen einzelner Massen wirken. ($Fg = G \times m1 \times m2/ r2$).
Durch das Abstandsquadrat wird der Gravitationswert in weiter Ferne sehr klein.
Newtons Theorie kann auch nicht Schwerkraft und Trägheit erklären. Als Ursache der Anziehung sieht er den allgegenwärtigen Geist Gottes.

c) Gravitation als Abstoßung (Druckkraft-Theorie)

Diese von G. L. Le Sage entwickelte Hypothese geht vom Druck durch überall umher schwirrenden Gravitationsteilchen aus. Sie kann alles erklären, bis auf die Natur der virtuellen Teilchen und ob die materiellen Körper im Weltraum durch das Bombardement der Teilchen wirklich schwerer und heißer geworden sind.

Gravitation als virtuelle Austauschteilchen (Gravitonen) H. Yukawa

Ähnlich wie die Vorstellung über andere Kräfte (EM und Kernkräfte) und ihrer Kraftfelder, kann dieses Modell dynamisch die Kräfte mit virtuellen Austauschteilchen, mit ihrer Wechselwirkung gut darstellen. Die Natur der Gravitonen, die Übertragungsteilchen der Gravitation, ist ebenso unbekannt. Sie müssten auch unendlich schnell sein.

d) Gravitation als Ätherwirbel (Descartes, Lord Kelvin)

Diese erweiterte Drucktheorie sieht sich bildende" Ätherwirbel" vor, die alles erklären können, außer die Vielfalt möglicher "Ätherwirbel-Teilchen".

Allgemein gibt es keine Gravitationstheorie, die eindeutig alle Vorgänge der Gravitation genau beschreibt und wiedergibt. Es handelt sich dabei nur um Modelle.

Fazit: Die Existenz eines Senders, das Vorhandensein einer Quelle für jene Gravitationswellen ist bei den "Dunklen Systemen" im Weltall nicht nachweisbar, nicht gegeben, nicht von Menschen wahrnehmbar! Die Information ist unvollständig und widersprüchlich. Das heißt, es existieren überhaupt keine festen Anfangsbedingungen, um eine physikalische Theorie über Erzeugung von GW abzuleiten zu können. Selbst das Vorhandensein eines wie auch immer gearteten Gravitationsfeldes ist völlig ungewiss.

b) Existiert ein Überträger für jene Gravitationswellen?

Wenn es einen Überträger geben soll, muss die mathematisch formulierte vierdimensionale Raumzeit-Welt Einsteins, die eigentlich nur ein angenommenes theoretisches Modell, eine mathematische Formel darstellt, auch als Wirklichkeit und Realität vorausgesetzt werden. Auch die Modell-Vorstellung von Raumkrümmungen (und der Zeitkrümmung) ist ja nur eine reine geometrischen Hypothese, eine mathematische "Konstruktion". So lehnt der berühmte Wissenschaftstheoretiker und Philosoph Paul Lorenzen (und der Astrophysiker Steven Weinberg) eine " tatsächliche Raumkrümmung" als Folge der ART ab (12).

Kein Mensch hat bisher Raumkrümmungen gesehen! Im Fußball kann der Ball auf einer gekrümmten Bahn sich bewegen, weil durch den Effet der rotierende Ball in der Luft (Reibung) eine Krümmung durchläuft. Niemand sagt hierbei, es geschieht, weil der Raum gekrümmt ist.

Deshalb bleibt die Frage bestehen, ob der an sich "leere Raum" , in dem es nach Albert Einstein keinen "Licht-Äther" mehr gibt, als absolutes Raumzeitkontinuum seine eigene" Raumkrümmung" durch sich selbst oder mit sich selbst transportieren kann ? Eigentlich kann ein leerer "Raum", der als Absolutes und Abstraktum gedacht wird, dies nicht tun.

In der SRT (spezielle Relativitätstheorie) war dies noch möglich, da nur die Lichtgeschwindigkeit absolut, der Raum und die Zeit aber relativ, veränderlich waren. Einstein definiert dann einfach eine "Längenkontraktion" und eine "Zeitdilatation".

Lichtgeschwindigkeit kann aber nie "absolut" sein, da im realen Weltraum (Staub) und bei uns auf der Erde das Licht durch Massen abgebremst und langsamer wird (Luft, Glas, Wasser, BEC Bose-Einstein-Kondensat).

Nach der Theorie der Expansion des Weltalls wird auf die Rotverschiebung (redshift) der Spektrallinien verwiesen. Die einzelnen H Alpha -Linien von Galaxien u.a. sind ja wirklich in den Roten Wellenbereich verschoben. Ähnlich dem Doppler-Effekt für Schall, bei dem die Wellenausbreitung in Fortpflanzungsrichtung zusammen gestaucht (hoher Ton), rückwärts aber gedehnt wird (iefer Ton), sollten sich auch die Lichtwellen genauso verhalten.

Wenn man annimmt, dass sich das Weltall ausdehnen würde, dann müssten auch jene Gravitationswellen in ihrer Wellenlängen- Charakteristik gedehnt werden.

Solche gedehnten GW -Wellenzüge (bei der von den US-Experimentatoren willkürlich angenommenen Frequenz von 200 Hz bedeutet dies eine Wellenlänge von 1.500 km) können überhaupt nicht in dem gemessenen Zeitraum von 0,20s liegen.

Fazit: Die Existenz eines Mediums, eines Transportmittels für die Übertragung von jenen Gravitationswellen ist nicht nachweisbar, nicht gegeben, nicht von Menschen wahrnehmbar. Seine Information ist

unvollständig und widersprüchlich und so spekulativ. Sie besitzt keine Anfangsbedingungen. Die Einstein´sche, nur als mathematisch, abstrakt gedachte Raumzeit-Welt, kann in Wirklichkeit keine Energie und somit Information übertragen.

c) Existiert ein wirksamer Empfänger für jene Gravitationswellen?

Die gesamte LIGO-Apparatur als Materie befindet sich im Normalzustand, das heißt alle seine Bauteilchen unterliegen der Brown´schen Molekularbewegung (Druck-und Wärmebewegung) mit einer bestimmten, verschmierten Geschwindigkeitsverteilung bei verschiedenen Temperaturen und bedingen ein komplexes Rauschen. Zum einen können die elastisch gekoppelten Bauteilchen sehr gut jegliche Druck-und Wärmebewegung weiterleiten (Einheit), zum anderen bauen sie verschiedene Körper auf

.

 Jene Gravitationswellen würden, wenn sie überhaupt existieren, **alle Körper**, die sie durchlaufen, **krümmen.** Nach Einstein wird jedes Gravitationsfeld durch die Ursache einer schweren Masse erzeugt, die den Raum krümmt. Nicht nur die Arme des Interferometers, sondern auch die Laserstrahlen würden dann gekrümmt, die Gehirne der messenden Wissenschaftler und auch ihre Gehirnströme (ihre Gedanken, dass sie Gravitationswellen gerade messen würden). Eine Wirkung (Energie x Zeit) und die Gravitationswelle selbst wäre dann überhaupt nicht feststellbar.

Zum einen zeigt das physikalische Naturgesetz vom **"freien Fall"** , dass das Wirken eines Gravitationsfeldes (verursacht durch schwere Masse) völlig unabhängig von der trägen Masse der Fall-Körper ist, alle erfahren die völlig gleiche Fallbeschleunigung. Das bedeutet, eine tausend Tonnen " schwere" und träge Bleikugel und eine Flaumfeder erfahren die völlig gleiche Kraft! Das bedeutet, dass auch bei Änderungen des Gravitationsfeldes (also bei jenen Gravitationswellen) völlig gleichartig auf alle trägen Massen eingewirkt wird. Nach Albert Einstein sind beide Massen (schwer und träge) äquivalent.

Das entspricht dem Modell des Herrn Hendrik Antoon Lorentz, Nobelpreis 1902 für den Zeeman-Effekt).

Um den damals in der Wissenschaft fest angenommenen ruhenden **Äther** zu retten, nahm er an, dass vom Elektron bis zum Interferometer-Arm (Michelson-Morley) alles gleich gestaucht werden würde, so dass der Ätherwind dann nicht mehr (raumzeitlich) messbar wäre! (Lorentz´sche Äthertheorie)

Ein anderes Beispiel wäre die Änderung des gemeinsamen Gravitationsfelds von Erde und Mond. Bei jedem Mondumlauf ändert sich geringfügig die Feldstärke der Gravitation an einem bestimmten Ort auf der Erde. Nicht nur das träge Meer spürt den Lauf des Mondes (**Gezeiten**), sondern auch die träge Erde (Erdgezeiten: die Alpen heben sich bei Vollmond um ca. 11cm) auch die gesamte träge Lufthülle (erst kürzlich nachgewiesen). Das heißt, alles spürt und spürt gleichzeitig nicht diese Anziehungskraft, auch wir Menschen (besonders bei Vollmond?), weil wir alle in einem System stecken! Würden wir in einem Schlauchboot bei ruhiger See während 24 Stunden das Auf und Ab der Gezeiten wahrnehmen?

Auch mit der Raumkrümmung kann man die Anziehungskraft des Wassers durch den Mond nicht erklären.

Da jene Gravitationswellen **Lichtgeschwindigkeit** haben, also gleich schnell wie Licht (LASER) wären, also wie die zur Messung verwendeten Laserstrahlen, könnte kein Impuls (Masse x Geschwindigkeit) gemessen werden!

Das heißt, die Existenz jener Gravitationswellen hinsichtlich ihrer Ausbreitungsgeschwindigkeit lässt sich nicht mit der Geschwindigkeit des Lichts unterscheiden, vergleichen, messen oder wahrnehmen. Es liegt keine Information vor.

Da die Geschwindigkeit jenen Gravitationswellen und Laserlicht gleich wäre, könnte man auf die Idee kommen, die anderen Welleneigenschaften, ihre Wellenlänge, ihre Frequenz, ihre Polarisation oder eine sonstige Charakteristik zu messen. Aber wir wissen ja gar nicht, wie groß ihre Wellenlänge oder ihre

Frequenz ist, d.h. in welchem Energie- und Wirkungsbereich wir zu suchen haben. Es handelt sich ja um riesige " Dunkle Systeme".

Keine genaue Messung im Rauschen

Das Interferometer ist nur dazu geeignet, die Information eines Spiegels, seine Ausschlags-Signale (mechanisch/thermische Impulse von außen) zu messen, die aber im wissenschaftlich bezeichneten **"Rauschen"** liegen. Diese Unschärfe kommt durch alle Arten von Erschütterungen, die von weit her stammen können (beim CERN in Genf konnte man sogar die Brandung des Atlantiks messen) Sie wird durch die Impulse der Atome, Moleküle oder Ionen im Innern aller Körper der Welt elastisch weiter transportiert und gelangt auch in die Spiegelapparatur, in die Messgeräte und Computersysteme des Interferometers. Ursache und Messgrenze wird von der Wärmebewegung (**Brown´sche Molekularbewegung**) bestimmt. Deshalb kann man z.B. ein Spiegel-Galvanometer nie über diese Grenze empfindlicher machen (13).
Die LIGO-Detektoren müssten mit ihrer Messung jenseits dieser Grenze arbeiten, was nicht möglich ist.
Selbst bei einer konstanten Temperatur haben die kleinsten Bauteile eines Körpers verschiedene Teilchengeschwindigkeiten (Maxwell-Boltzmann´sche Geschwindigkeitsverteilung).
Dabei bedeutet das "Rauschen" Zustände von Chaos, Ungeordnetheit und Zufall.

 Dringt man in die Welt der Atome weiter vor, so begegnet man der **quantenmechanischen Unschärfe** (Heisenberg) der Atome. Auch hier operiert das LIGO-Experiment jenseits dieser Grenze (1 Tausendstel eines Kerndurchmessers). Schließlich ist jenseits der Planck´schen Zeit und der Planck´schen Länge, im
"quantenmechanischen Rauschen ", ist keine exakte Messung möglich.

Diese quantenmechanische "Singularität" gibt es aber in der ART (Allgemeine Relativitätstheorie) nicht, da die Einstein´schen Feldgleichungen der Form nach Differenzialgleichungen sind, in denen gewissermaßen über die Singularität (10 hoch minus 35 Meter) hinaus bis zum Nullpunkt unendlich klein vorgedrungen werden soll.Der Physiker und Philosoph Roger Penrose, Doktorvater von Steven

Hawking, sieht hierin Grenzen für beide Theorien, dass nämlich die ART keine Singularitäten kennt und nicht mit ihnen rechnen kann, umgekehrt die QM (Quantenmechanik) keine Unendlichkeiten kennt und so beide nie zusammen gedacht werden können. Sie widersprechen sich grundsätzlich, eine Synthese aus beiden "Quantengravitation" wäre widersprüchlich. Die Natur des Makrokosmos, der wieder aus dem Mikrokosmos aufgebaut ist, kann aber nicht widersprüchlich zum Mikrokosmos sein. Es sind nur die beiden in Mathematik gegossenen Theorien, **ihre Mathematik ist widersprüchlich.**

Das von jenen Gravitationswellen- Interferometer empfangene Signal soll, trotz des " Rauschens" mit einer Größe von 1/1000 eines Atomkerndurchmessers (also 10 hoch - 21!) im Messcomputer herausgefiltert worden sein. Kann man das Signal überhaupt unter diesen Bedingungen des " thermischen Rauschens" vorfinden, so genau messen?

Messgenauigkeit

Man kann aber grundsätzlich, egal mit welchem Messgerät auch immer, nie ganz exakt messen. Es liegt hier immer entweder ein Messfehler (Mensch und Messgerät), ein Fehler im Messgerät (alle Messgeräte sind sich ähnlich, aber trotz Eichung geringfügig verschieden), ein Fehler in der Messvorschrift (ein Fehler in der Berechnungsvorschrift), eine "vermessene Vermessung " vor! " Wer misst, misst Mist!" Das zeigt auch ein Vergleich der beiden LIGO Signale.

4. Deterministische und zufällige Signale

Determinierte Signale lassen sich mit einer mathematischen Vorschrift in ihrem zeitlichen Verlauf angeben. Explizit definierte Signale sind offensichtlich, sie lassen ihren Wert zu einem bestimmten Zeitpunkt direkt ablesen.
Anders bei zufälligen Signalen, ihre Signal-Folgen können so nicht exakt angegeben werden, für sie sind lediglich statistische Eigenschaften bekannt. Jegliches "Rauschen" besteht aus zufälligen Signalen. Dies gilt leider auch bei der Messung von jenen Gravitationswellen.

Spitzentechnologie am Ende?

In der **Spitzentechnologie und Forschung** Astrophysik und der
Elementarteilchenphysik wird seit langem viel an der Grenze und im so genannten
"Rauschen" (z.B. oder die Erzeugung von Higgs) geforscht.
Im Gegensatz zur Aussage des 2. Hauptsatzes der Thermodynamik gibt es
trotzdem in der realen, entropischen Unordnung (Chaos) Ordnungszustände
(Muster, Charakteristiken, Symmetrien), die schon Walter Heitler richtig
beschrieb
z.B. das Himmelblau, Konzentration von Radioaktivität in hot spots,u.a.) Wie beim
philosophischen Symbol "Yin und Yang" gibt es sowohl in der Ordnungsstruktur
auch chaotische Zustände (jenseits der Arbeitsbereiche von Linearität/
Hookesches Gesetz existiert Nonlinearität), oder umgekehrt im Chaos auch
Ordnungsstrukturen (Muster), die aber nicht unbedingt denen aus dem
Ordnungsbereich gleichen müssen. Von den "Mustern" jener Gravitationswellen
gibt es aber überhaupt gar keine vorhandenen einsehbaren "Ordnungsstrukturen"!

Der schmale Grat zwischen Finden und Erfinden!
Warum soll ein vom Menschen ausgedachtes Filterprogramm dem in der Natur
zu "suchenden Signal " wirklich 1:1 entsprechen? Das in den Messcomputern
"gefundene Signal" entspricht wohl dem zu "suchenden Signal". Muss man aber
dabei nicht den zu suchenden Energie- und Wirkungsbereich des Signals vorher
irgend wie schon festlegen? Handelt es sich um ein erfundenes Signal"?
(Astrophysikerin Lisa Randall berichtet in ihrem Buch: " Vermessung des
Universums" , dass CERN das Higgs "er-funden" hätte?)
Der Schritt zwischen Auffinden und Erfinden ist sehr gering.

Fazit:

Die Existenz eines Empfängers, der jene Gravitationswellen registrieren könnte, ist überhaupt nicht vorhanden. Ein geeigneter Empfänger ist zum einen durch die Nichtwahrnehmbarkeit eines Senders und durch die Unkenntnis eines Überträgers nicht realisierbar, um überhaupt ein geeignetes Signal empfangen zu können. Die Information kann weder vollständig wahrgenommen, noch widerspruchsfrei umgesetzt werden. Zum anderen, wenn es doch jene Gravitationswellen gäbe, wären wir nicht in der Lage, ein Signal davon aufzuschnappen, denn es existiert keine geeignete Funktion, keine Ursache, um ein vollständiges Informationssystem zu installieren. Die gesamte Materie würde sich durch die Gravitationwellen nicht verändern.

Fazit: Alle drei Informationskomponenten (Sender, Medium , Empfänger) sind bei jenen Gravitationswellen spekulativ, unbestimmt, nicht wahrnehmbar, nicht gegeben, nicht wissenschaftlich nachweisbar! Die gesamte Information ist unvollständig und widersprüchlich!
Leider kann man aus einem kurzen experimentellen "Signal im Rauschen" nicht auf die gesamte Wahrheit einer ganzen physikalischen Theorie schließen, denn eine wirkliche Existenz von jenen Gravitationswellen konnte durch das LIGO- Experiment nicht exakt wissenschaftlich nachweisen werden.

An das Nobelpreispreis-Komitee gerichtet: es sollte bitte eine genaue Methoden-Überprüfung des vorliegenden Experiments erfolgen!

Anhang

Literaturhinweise

(1) A. Einstein, "Näherungsweise Integration der Feldgleichungen der Gravitation", 1916 Sitzungsberichte der Königlich Preußischen Akademie der Wissenschaften, Sitzung der physikalisch-mathematischen Klasse vom 22. Juni, Wiederabdruck durch die Wissenschaften der DDR, Akademie-Verlag, Berlin 1978)

(2) siehe (1) S 695

(3) siehe (1) S 692

(4) siehe (1) S 693

(5) siehe (1) S 696

(6) Paul Lorenzen, " Mathematik und Naturwissenschaft", in Theorie der technischen und politischen Vernunft", Reclam, Stuttgart, 1978" Hans-Peter Dürr, "Warum es ums Ganze geht- Neues Denken für eine Welt im Umbruch",oekom,München,2009

(6) Paul Lorenzen, siehe (6)

(7) Henri Bergson, "Dauer und Gleichzeitigkeit", über Einsteins Relativitätstheorie,Philo Fine Arts,Hamburg,2014, Kap.1 , S 71

(8) Umberto Ecco, "Kant und das Schnabeltier", Carl Hanser Verlag,München,2000

(9) Henri Bergson, siehe (9)

(10)Lorenzen, "Relativistische Mechanik mit klassischer Geometrie und Kinematik, Berlin, 1977

(11)Erwin Schrödinger, "Was ist Leben?"Leo Lehnen Verlag, München, 1944

Autor:

Alfred Helmut Dürr, IG Philosophie Nürtingen

In Kooperation mit der nn-Akademie Nürtingen

„Wissenschaft weiter denken"

(Physiker, Chemiker, Mathematiker, Buchautor)

BEI GRIN MACHT SICH IHR WISSEN BEZAHLT

- Wir veröffentlichen Ihre Hausarbeit,
  Bachelor- und Masterarbeit

- Ihr eigenes eBook und Buch -
  weltweit in allen wichtigen Shops

- Verdienen Sie an jedem Verkauf

Jetzt bei www.GRIN.com hochladen
und kostenlos publizieren

Impressum:

Copyright © 2014 GRIN Verlag, Open Publishing GmbH
Druck und Bindung: Books on Demand GmbH, Norderstedt Germany
ISBN: 978-3-668-03397-9

Mario Günscht

Mikrosporidien bei Immunsuppression. Infektionszyklus Epidemiologie und Diagnose

GRIN Verlag

1. Einleitung

Die vorliegende Arbeit soll einen umfassenden Überblick über die Biologie und Infektionszyklus, sowie die Übertragung, Epidemiologie, klinischen Symptomen, Diagnoseverfahren und Behandlungsmöglichkeiten der Mikrosporidien, bei HIV- und Transplantationspatienten, geben.

Parasitäre Erkrankungen sind Ursachen für die Ausbreitung von Krankheiten und den Anstieg von Sterblichkeitsraten weltweit, ungeachtet vom Gesundheitszustand der Patienten. Immunkompetente, Menschen mit funktionsfähigem Immunsystem und Patienten mit supprimiertem bzw. komprimiertem Immunsystem, sind Risikogruppen für den Erwerb parasitärer Erkrankungen.

Das Immunsystem spielt bei der Bekämpfung des Parasiten eine zentrale Rolle. Menschen mit einem supprimierten bzw. komprimierten Immunsystem sind oft unfähig die Infektion zu bekämpfen. Im Grunde ist die Schwere der Erkrankung vom Grad des Immundefizits abhängig. Mit dem Wiederaufbau des Immunsystems oder dem Absetzten immunsupprimierender Therapien würde sich der Krankheitsverlauf nicht von dem eines Immunkompetenten Patienten unterscheiden (Stark et al. 2009).

Die Zahl der Patienten mit supprimiertem Immunsystem, alleine mit 14.000 Neuinfektionen pro Tag durch die Infektion mit dem HIV-Virus, steigt jedes Jahr an. Wobei diese Erkrankung hauptsächlich in Entwicklungsländern auftritt. Aber auch durch Transplantationen steigt die Zahl stetig in Industrieländern an, aufgrund von etwa einer Millionen Transplantationen pro Jahr und deren Einsatz aggressiver Therapien zur Immunsuppression (Stark et al. 2009).

Mikrosporidien sind eukaryotische, obligate intrazelluläre Parasiten, die als Protozoen beschrieben werden. In jüngeren Studien stellte sich ein engerer Zusammenhang bzw. eine engere Verwandtschaft zu den Pilzen heraus. Der Stamm der Mikrosporidien umfasst rund 140 Gattungen mit mehr als 1200 Arten. Sie können praktisch in allen Invertebraten und Vertebraten nachgewiesen werden (Barbosa, Rodrigues, Pina-Vaz 2009; Moretto, Khan, Weiss 2012; Didier, Weiss 2006).

Während des neunzehnten Jahrhunderts wurden die ersten Mikrosporidien in Seidenraupen durch Luis Pasteur gefunden. Der Erreger der so genannten „pébrine"-Erkrankung, wurde von Nägeli als *Nosema bombycis* benannt, bei der die Raupe unter anderem keine Seide mehr produzieren kann (Keeling, Fast 2002; Moretto, Khan, Weiss 2012). *Nosema bombycis* wurde anfänglich zu der Gruppe der *Schizomyceten*

zugeordnet. Doch 1882 erstellte Balbiani eine neue Gruppe für *Nosema bombycis*, genannt Microsporidia. Diese Namensgebung ist heutzutage immer noch aktuell. 1922 wurde die erste Mikrosporidieninfektion, ausgelöst durch *Encephalitozoon cuniculi*, im Hasen nachgewiesen. Diese Art ist dafür bekannt ein großes Spektrum von Säugetieren zu infizieren (Keeling, Fast 2002). 1959 wurde der erste bekannte Fall einer Mikrosporidieninfektion beim Menschen bekannt. Dies war jedoch eine Seltenheit und erst durch die AIDS-Pandemie in den 1980ern stieg die Verbreitung der Mikrosporidien stark an. Ihnen wurde eine humanpathogene Bedeutung als opportunistischer Krankheitserreger zugeschrieben. Seitdem wird eine Infektion mit Mikrosporidien weltweit beobachtet. Die Krankheit tritt hauptsächlich in HIV-Patienten, aber immer häufiger auch in anderen Gruppen, wie zum Beispiel in Transplantationspatienten (Immunsupprimierte), Kindern, Reisenden, Kontaktlinsenträgern und älteren Personen auf (Keeling, Fast 2002; Sokolova et al. 2011).

Bisher wurden 14 Arten identifiziert, die Menschen bzw. Mensch und Tier infizieren können. Diese können verschiedene Gewebe befallen und können zu einer langen Liste von Erkrankungen führen, wie zum Beispiel chronische Diarrhö, Lungenentzündungen, Leber- und Nierenentzündung (Keeling, Fast 2002; Galván et al. 2011; Stark et al. 2009).

Enterocytozoon bieneusi wurde erstmals im Jahr 1985 in einem AIDS-Patienten nachgewiesen (Zhang et al. 2011). *Enterocytozoon bieneusi* und die *Encephalitozoon* Arten, *Encephalitozoon cuniculi, Encephalitozoon hellem* und *Encephalitozoon intestinalis* sind die am häufigsten auftretenden Arten. Dabei wurden bis heute *Enterocytozoon bieneusi* und *Encephalitozoon intestinalis* am meisten im Menschen nachgewiesen, speziell in AIDS-Patienten mit einer CD4+ T-Zell-Zahl unter 100 Zellen pro mm^3 (Ojuromi et al. 2012). Diese Erreger besitzen die Fähigkeit sich im Körper auszubreiten und können somit verschiedene Gewebe infizieren, wie Auge, Lunge, Niere und das zentrale Nervensystem. Dabei scheinen Darmerkrankungen mit chronischer Diarrhö, starkem Gewichtsverlust und Mangelerscheinungen die vorherrschenden Symptome zu sein (Galván et al. 2011; Sokolova et al. 2011).

2. Die Mikrosporidienspore

Das infektiöse Stadium der Mikrosporidien ist eine kleine einzellige Spore. Die Größe der Spore kann bei *E. bieneusi* 1µm und bei *Bacllidium filiferum* 40µm betragen. Die Form kann kugelförmig, oval, stäbchen- oder halbmondförmig sein, wobei die häufigste Sporenform oval ist. In diesem Stadium kann die Spore unter dem Mikroskop erkannt und differenziert werden.

Die Spore ist die einzige lebensfähige Form außerhalb der Wirtszelle (Keeling, Fast 2002). Sie wird von zwei starren äußeren Wänden umgeben. Die Exospore besteht aus einer elektronendichten, proteinhaltigen Schicht, während die Endospore sich aus alpha-chitin und Proteinen zusammensetzt, die zur oberen Spitze hin dünner wird (Keeling, Fast, 2002; Moretto, Khan, Weiss, 2012; Didier, Weiss 2006). Die Zellwände bieten der Spore Schutz vor Umwelteinflüssen und erlaubt somit dem Organismus langanhaltend in der Umwelt zu überleben, was die Übertragung zwischen den Wirten erleichtert (Moretto, Khan, Weiss 2012).

Im Inneren der Spore liegt im Cytoplasma ein Kern vor, der als ein so genannter Monokaryon oder Diplokaryon bezeichnet wird. Zudem befindet sich im anterioren Bereich der Spore eine Anker-Platte („anchoring Disk"). Des Weiteren befinden sich im Cytoplasma ein lamellarer Polarplast, der einen atypischen Golgi-Apparat beinhaltet und polare Vesikel, die als reduzierte Mitochondrien erscheinen, und als Mitosomen bezeichnet werden. Die Spore besitzt außerdem ein endoplasmatisches Retikulum (ER), Ribosomen, eine posteriore Vakuole, die möglicherweise auch als Peroxisomen funktioniert und ein gewickelten Polfaden (Didier, Weiss 2006).

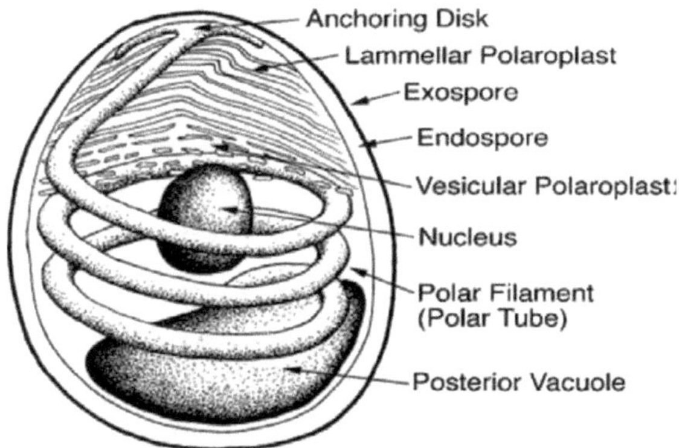

Abb.1. Schema einer Mikrosporidienspore zeigt die Hauptstrukturen. (Keeling, Fast 2002)

Für die Infektion einer Wirtszelle sind hauptsächlich drei Strukturen verantwortlich: der Polfaden, der Polarplast und die posteriore Vakuole. Der Polarplast ist eine große Organisation aus Membranen und befindet sich im anterioren Teil der Spore.

Er ist im anterioren Teil eine hoch organisierte, eng gestapelte Membran. Dieser Bereich wird lamellarer Polarplast genannt. Zum posterioren Teil hin existiert eine lockere Organisation, der so genannte vesikulare Polarplast (Keeling, Fast 2002).

Der Polfaden ist ein spezialisiertes Organell für die Invasion in die Wirtszelle und kann eine Länge von 50µm-500µm besitzen. Sie ist mit der Anker-Platte verbunden und wickelt sich helikal um das gesamte Cytoplasma der Spore (Keeling, Fast 2002; Moretto, Khan, Weiss 2012; Didier, Weiss 2006). Der Polfaden besteht aus einer Membran und glykolisierten Proteinen. Während der Invasion in eine Wirtszelle dient der Polfaden als eine Brücke, die die Spore mit der Wirtszelle verbindet (Keeling, Fast 2002; Moretto, Khan, Weiss 2012). Die Glykosylierung ist wahrscheinlich für den Aufbau und für die Funktion sehr wichtig. Durch Studien wurde gezeigt, dass sich Kohlenhydrat-Rückstände an intakten Polfäden befinden, z.B. Concanavalin A, welches an den Polfäden von verschiedenen Mikrosporidien bindet. Der biochemische Beweis wird dadurch erbracht, dass der Großteil der Proteine des Polfaden (PTP1) O-verknüpfte Mannosylierungen besitzen (Moretto, Khan, Weiss 2012). Der Polfaden besitzt eine Fläche von 0,1-0,2 μm^2 und ist 50-500 µm lang. Er endet an der posterioren Vakuole, wobei man nicht weiß, ob das Filament in die Vakuole eintritt oder diese nur berührt (Keeling, Fast 2002).

Anfangs wurde angenommen, dass Mikrosporidien, die ersten Eukaryoten darstellen. Aufgrund des Fehlens von typischen Mitochondrien, des Golgi-Apparates und der Peroxisomen, sowie dem Vorhandensein kleiner Ribosomen, ähnlich der Prokaryoten. Heutzutage gelten Mikrosporidien als höchst differenzierte, gut angepasste und spezialisierte Parasiten, die verwandt oder zugehörig mit den Pilzen sind (Moretto, Khan, Weiss 2012).

Durch vergleichende Genomanalysen konnte beobachtet werden, dass Mikrosporidien unter den Eukaryoten das kleinste Genom besitzen, welches aus Genreduktion und Genverdichtung entstanden ist (Didier, Weiss 2006). Die Genomgröße variiert von 2,3 bis zu 19,5 Mb, wobei die Genomgröße von *E. intestinalis* 2,3 Mb, *E. hellem* 2,5 Mb und *E. cuniculi* 2,9 Mb die kleinsten identifizierten Genome unter den Eukaryoten sind.

Mikrosporidien sind wahrscheinlich diploid. Sie besitzen nur wenige Introns, die Gendichte ist hoch und die Proteine sind kürzer als die entsprechenden Hefe-Gene (Moretto, Khan, Weiss 2012). Evolutionär bedingt haben Mikrosporidien viele Gene für metabolische und regulatorische Vorgänge verloren, um eine Abhängigkeit von der Wirtszelle zu erreichen (Moretto, Khan, Weiss 2012). Die Gene die im Zusammenhang mit dem Transport von Energiequellen und Metaboliten sind dabei nicht verloren gegangen, was wahrscheinlich eine Konsequenz der Wirtszellabhängigkeit ist.

Durch die Identifikation von über einem Dutzend Genen, die für Mitochondrien abgeleitete Proteine kodieren, wird bewiesen, dass die Mikrosporidien sich von Ahnen entwickelten, die Mitochondrien besaßen. Phylogenetische Analysen von multiplen Gensequenzen unterstützen weiterhin eine Beziehung zwischen den Mikrosporidien und den Pilzen, speziell zu dem Stamm der Askomyzeten und Basidiomyceten (Didier, Weiss 2006).

3. Infektionszyklus

Die Keimung der Spore ist eine Serie subzellularer Ereignisse, die in einer Kaskade schneller Abfolgen und unter kompletter Änderung des Cytoplasmas ablaufen. Der Ablauf ist bisher aber noch nicht völlig verstanden und erforscht. Für das Auslösen der Keimung können verschiedene Ursachen verantwortlich sein und dies ist zudem auch abhängig von der jeweiligen Art. Ursachen könnten zum Beispiel pH-Wert Änderungen, Anwesenheit verschiedener Kationen oder Anionen, hyperosmotische Bedingungen oder Dehydrierung gefolgt von Rehydrierung sein (Keeling, Fast 2002).

Die Keimung beginnt mit der Änderung des osmotischen Drucks und dem damit verbundenen Anschwellen der posterioren Vakuole und des Polarplasten. Der Polfaden wird schnell freigesetzt und kann somit in Kontakt mit der Wirtszelle treten (Keeling, Fast 2002; Moretto, Khan, Weiss 2012; Didier, Weiss 2006). Wie genau der Wassertransport in die Zelle abläuft ist nicht ganz klar. Der Wassertransport kann unter anderem durch Aquaporine über das Sporoplasma stattfinden. Bei der Keimung von *Nosema algerae* sinkt zum Beispiel die Konzentration von Trehalose, einem Glukose-Glukose Disaccharid. Trehalose ist überall in der Natur vorhanden und ist der Hauptkohlenhydratspeicher in Mikrosporidiensporen und Pilzsporen. Es wird angenommen, dass Trehalose in Glukose-Monomere zerlegt wird und somit die Anzahl löslicher Moleküle in der Zelle erhöht. Demzufolge steigt der Einstrom des Wassers und somit der osmotische Druck in der Zelle.

Für die Keimung der Spore sind verschiedene Faktoren beteiligt, folglich kann Trehalose nicht alleine dafür verantwortlich sein. Andere Mikrosporidienarten, die mit *Nosema* verwandt sind, ändern das Trehaloselevel nicht. Zudem könnte es nur einen Schritt bei der Keimung ausmachen. Es wird angenommen, dass die Kalziumkonzentration eine Rolle spielt, sowie das Protein Calmodulin (Keeling, Fast 2002). Welche Ursache genau für die Erhöhung des osmotischen Druck verantwortlich ist, ist nicht vollständig geklärt. Aber er ist verantwortlich für alle nachfolgenden Ereignisse. Die Ankerplatte wird zerrissen und der Polfaden wird freigesetzt. Der Polfaden wird umgestülpt und die mit Granula dicht besetzte Außenseite kehrt sich zur Innenseite. Der Polfaden durchbohrt die Membran, der sich in der Nähe der Wirtszelle befindet und innerhalb von wenigen Sekunden wird das gesamte Sporoplasma mit dem Kern in die Wirtszelle injiziert.

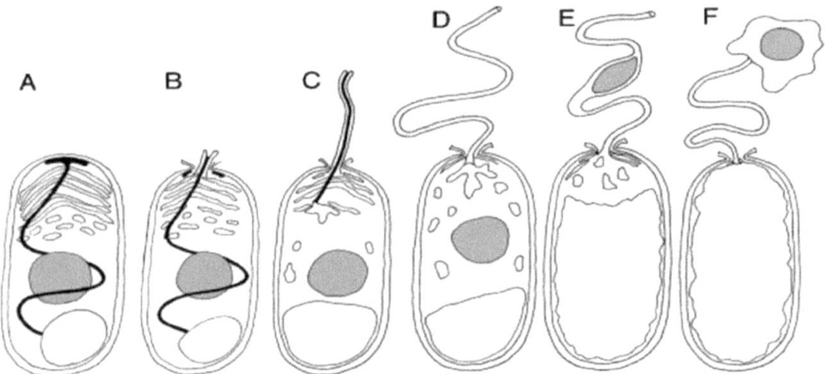

Abb. 2. Umstülpung des Polfadens während der Keimung. (Keeling, Fast 2002)

(A)   Untätige Spore mit Polfaden (schwarz), Kern (grau), Polarplast und posteriore Vakuole

(B)   Polarplast und posteriore Vakuole schwellen an, die Ankerplatte bricht und der Polfaden beginnt mit der Freisetzung und Umstülpung

(C)   Polfaden wird weiterhin freigesetzt

(D)   Wenn der Polfaden vollständig freigesetzt ist wird das Sporoplasma in den Polfaden gepresst

(E)   Das Sporoplasma wandert durch den Polfaden

(F)   Das Sporoplasma ist vollständig durch den Polfaden gewandert und wird von einem neuen Membran umgeben und gebunden.

Der Parasit befindet sich direkt im Cytoplasma der Zelle. Er bildet jedoch dort keine Art phagozytische Vakuole aus, wie es bei anderen intrazellulären Parasiten der Fall ist. Gelegentlich wird der Parasit von einer Membran, die so genannte parasitophore Vakuole, umgeben. Dies geschieht oft im frühen Infektionsstadium (Keeling, Fast 2002). Der Parasit verbindet sich sofort mit der Wirtszelle und veranlasst diese zu signifikanten Veränderungen. Die Zelle organisiert sich neu, sodass der Parasit oft von Zellorganellen, wie dem endoplasmatischen Retikulum, dem Kern und Mitochondrien umgeben ist. In einigen Fällen interagiert der Parasit mit dem Kern, welches sich durch vergrößerte Poren äußert. Es besteht die Möglichkeit, dass der Kern selber infiziert wird. Die Zelle wird in ihrer Form und Größe verändert und die herbeigeführte Veränderung wird Xenoma genannt (Keeling, Fast 2002). Dadurch werden die eigenen Entwicklungen und das Wachstum des Parasiten unterstützt. Die Wirtszelle wird dazu gebracht sich mehreren Kernteilungen zu unterziehen. Während der Sporenbildung in der Wirtszelle ist eine Verdickung der Plasmamembran zu erkennen. Das

7

endoplasmatische Retikulum und die Ribosomen organisieren sich neu, wobei sich die Ribosomen vermehrt zu Schichten am endoplasmatischen Retikulum ansammeln.

Die Sporenbildung kann im direkten Kontakt mit dem Cytoplasma der Wirtszelle stehen. Manche Arten befinden sich in einem sporophoren Vesikel, in welche sich die Sporonten entwickeln. Bei den meisten Arten wird die Sporenbildung von einem gewissen Grad der Teilung begleitet. Die Anzahl des Sporoplasten, aus dem sich dann die Spore entwickelt, variiert zwischen den einzelnen Arten und kann von zwei Sporoplasten (Bisporus) bis zu mehreren Sporoplasten (Polysporus) reichen (Keeling, Fast 2002).

Während der Teilung wird der Extrusionsapparat entwickelt. Dabei handelt es sich um die Organellen, die zur Invasion einer Zelle notwendig sind. Darunter fallen der Polfaden, der Polarplast und die posteriore Vakuole. Durch histochemische Studien konnte beobachtet werden, dass der Golgi-Apparat dazu angeregt wird, den Polfaden zu entwickeln. Das ER ist ebenso an der Entwicklung des Polfadens und der dazugehörigen Membran des Polarplastens beteiligt. Wenn der Extrusionsapparat fertiggestellt ist und der Sporoplast sich seiner Reife nähert, wird eine chitinhaltige Schicht um den Sporoplasten synthetisiert. Reife Sporen befinden sich in der Nähe des Zentrums der Wirtszelle, während frühe Stadien der Sporen sich in den Randbereichen befinden. Ist die reife Spore einmal fertiggestellt, wird sie ins Lumen freigesetzt. Einige Mikrosporidienarten entwickeln autoinfektiöse Sporen und können somit nach der Freilassung andere Zellen des selben Wirts infizieren. Die Sporen gelangen über die Fäzes und oder dem Urin in die Umwelt (Keeling, Fast 2002).

Das Immunsystem kann vereinfacht in drei Komponente unterteilt werden: in die nicht spezifische Immunität (Haut und andere Barrieren), das angeborene Immunsystem und das adaptive Immunsystem. Das angeborene System ist auf die Mustererkennung begrenzt und basiert auf einer Vielfalt von Sensoren, die somit eindringende Krankheitserreger erkennen. Im Vergleich dazu, kann sich das adaptive Immunsystem verschiedenen Reifeprozessen unterziehen. Dies äußert sich mit der ansteigenden Produktion von Antikörpern und der Zell-vermittelten Immunität mit dem T-Zell Gedächtnis (Stark et al. 2009).

Damit Mikrosporidieninfektion bekämpft werden können, ist eine starke T-Zell Antwort unbedingt erforderlich. Besonders die CD4+ und CD8+ T-Zell Untereinheiten spielen

eine wichtige Rolle bei der Bekämpfung dieser Erreger, wenn die Infektion über den Oral-Weg geschieht (Moretto, Khan, Weiss 2012). Diese Annahme wird gestützt durch, die Schwere einer Mikrosporidieninfektionen bei AIDS-Patienten, mit einem geringen CD4+ T-Zell Level. Des Weiteren belegen Studien mit *E. cuniculi* Infektionen bei Mäusen ohne CD4+ und CD8+ T-Zellen, deren Krankheitsverlauf tödlich endet, diese Annahme (Didier, Weiss 2006; Andreu-Ballester et al. 2013). *E. cuniculi* dient als Modell für experimentelle Infektionen, da dieser Parasit ein großes Wirtsspektrum besitzt und in Gewebekulturen wachsen kann, sowie Infektionen in Menschen nachahmt (Moretto, Khan, Weiss 2012). Zudem zeigten sich auch in Studien mit experimenteller Mikrosporidiose in Mausmodellen und ex-vivo im Menschen, dass proinflammatoische Zytokine (Th1), wie Interferon (IFN)-γ, Tumornekrosefaktoren (TNF)-α und Interleukin (IL)-12 wichtig für die Resistenz gegen die *Encephalitozoon* Arten sind (Didier, Weiss 2006).

<u>**4. Übertragungswege**</u>

Die Sporen verbreiten sich über die Fäzes, Urin und/oder anderen Körperflüssigkeiten von infizierten Menschen und Tieren in die Umwelt. Dort können sie eine lange Zeitspanne hinweg überdauern, da sie gegen viele physikalische und chemische Desinfektionsmethoden resistent sind. Beispielsweise gegen Bakterizide, die gewöhnlich zur Wasseraufbereitung im Trinkwasser, Schwimmbädern und Bewässerungssystemen genutzt werden, sowie gegen bestimmte Umweltbedingungen, wie zum Beispiel gegen Trockenheit (Barbosa, Rodrigues, Pina-Vaz 2009; Galván et al. 2013). Durch ihre mikroskopische Größe und dem geringen spezifischen Gewicht der Spore, wird die Verbreitung im Süß- und Salzwasser erleichtert. Invertebraten und Vertebraten können als Reservoire für Mikrosporidiensporen angesehen werden, welche den Parasiten über den Stuhl und/oder dem Urin in die Umwelt verbreiten können (Galván et al. 2013).

Die Übertragung der Mikrosporidiensporen kann über den Fäkal-Oral-Weg, den Oral-Oral-Weg, Einatmung von Aerosolen, dem direkten Kontakt mit dem Auge oder offenen Wunden, sowie der Aufnahme von kontaminiertem Wasser oder kontaminierter Nahrung geschehen. Speziell in Entwicklungsländern mit unzureichenden Sanitäranlagen ist das Risiko der Sporenaufnahme hoch. Der genaue Übertragungsweg ist noch unzureichend erforscht (Barbosa, Rodrigues, Pina-Vaz 2009; Moretto, Khan, Weiss 2012; Akinbo et al. 2012; Słodkowicz-Kowalska et al. 2013). Bisher wird angenommen, dass die Übertragung über den Fäkal-Oral-Weg stattfindet und die Quellen hierfür infizierte Menschen und Tiere, sowie kontaminiertes Wasser und Nahrung sind (Didier und Weiss 2011; Barratt et al. 2010). Die Art *A. algerae* die hauptsächlich in Mücken vorkommt, wurde schon in Menschen nachgewiesen, was auf eine Übertragung durch Krankheitsüberträger hindeutet (Didier, Weiss 2011).

Humanpathogene Mikrosporidien, wie *E. bieneusi, E. hellem* und *E. intestinalis* lassen sich oft in der städtischen Wasserversorgung, Abwässern und im Grundwasser nachweisen (Didier und Weiss 2011; Moretto, Khan, Weiss 2012). Das Risiko der Infektion mit Mikrosporidien, durch den Kontakt mit kontaminiertem Wasser, wurde kürzlich überprüft. Die Beobachtungen führte dazu, dass die NIH (National Institutes of Health) die Mikrosporidien als Krankheitserreger in die Kategorie B „biodefense" aufgenommen haben. In Costa Rica konnte die Übertragung der Sporen durch kontaminierte Nahrung auf kontaminierte Bewässerungssysteme zurückgeführt werden. Dies wurde bei Salat, Erdbeeren, Koriander und Petersilie nachgewiesen (Didier und Weiss 2006).

In einer spanischen Studie von Galván et al. wurden ein Jahr lang Kläranlagen und Trinkwasseraufbereitungsanlagen untersucht, um die Verbreitung von Mikrosporidien auch in Abhängigkeit mit den vier Jahreszeiten zu analysieren. Von den gesammelten Proben der Kläranlagen und Trinkwasseraufbereitungsanlagen wurden 21% positiv auf Mikrosporidien getestet. Im Sommer und Frühling zeigte sich eine erhöhte Anzahl im ungeklärten, sowie in dem geklärten Wasser der Kläranlagen. Dabei wurden die Humanpathogenen Mikrosporidien *Encephalitozoon intestinalis* und *Enterocytozoon bieneusi* am häufigsten nachgewiesen. Es wurden drei verschiedene Genotypen von *Enterocytozoon bieneusi* identifizierte: der D-Genotyp, der C-Genotyp und der „D-like" Genotyp (Galván et al. 2013).

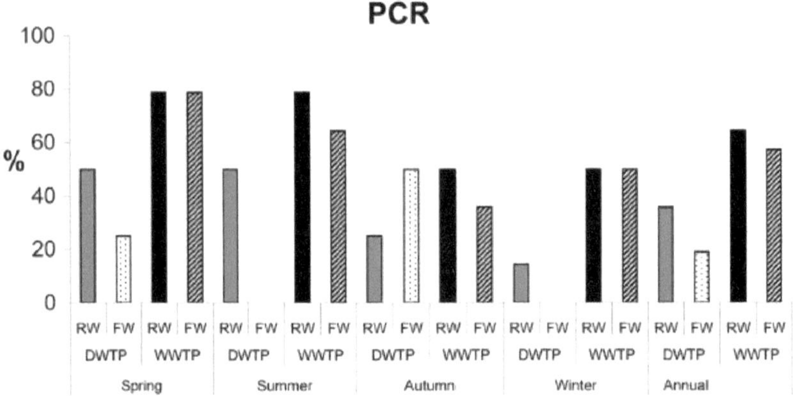

Abb. 3. Verteilung der Ergebnisse erzielt von der PCR in ungeklärten und aufbereiteten Wasser der DWTPs und WWTPs während einer ein Jahr langen Studie. Die prozentuale Verteilung der positiven Proben zeigt die y-Achse an. (Galván et al. 2013)

DWTPs = Trinkwasseraufbereitungsanlage

WWTPs = Abwasseraufbereitungsanlage/Kläranlage

RW = ungeklärtes Wasser

FW = aufbereitete Wasser

Beide Arten, *E. intestinalis* und *E. bieneusi* können eine Vielzahl verschiedener Haustiere und wildlebender Tiere infizieren, welche diese hohe Verbreitung erklärt. Zudem wurden in den Wasserproben die beiden Arten *A. algerae* und *Encephalitozoon cuniculi* nachgewiesen. *Encephalitozoon cuniculi* und *A. algerae* sind beides Humanpathogene. *E. cuniculi* kann des Weiteren andere Säuger infizieren. Dabei identifizierte man den Hasenstamm (Genotyp I), den Mäusestamm (Genotyp II) und den Hundestamm (Geno-

typ III). Der Genotyp I und II sind auch auf den Menschen übertragbar. Eine hohe Anzahl von Sporen anderer Mikrosporidienarten, wurde in den Wasserproben identifiziert. Diese werden mit Erkrankungen von Fischen und einer Vielzahl von Invertebraten in Verbindung gebracht, aber nicht beim Menschen (Galván et al. 2013).

Die Genotypen humanpathogener Mikrosporidien wurden in Haustieren, Nutztieren, sowie in wildlebenden Tieren nachgewiesen, was die Annahme unterstützt, dass sich Mikrosporidien über Zoonose verbreiten (Didier, Weiss 2006).

Die Mikrosporidienart *Enterocytozoon bieneusi* infiziert ein weites Spektrum von Tieren. So wurde dieser Parasit nicht nur in Menschen, sondern unter anderem auch in Füchsen, Hunden, Bibern, Falken, Schweinen, Waschbären und in vielen andern Tieren nachgewiesen (Sokolova et al. 2011).

Studien an Labortieren, die mit Arten infiziert sind, die Mensch und die Labortiere befallen können, demonstrierten, dass die Übertragung mit *E. cuniculi* horizontal (Fäkal-Oral oder per Trauma) oder vertikal (Mutter-Nachkomme) auftreten kann (Didier, Weiss 2011).

Das Einatmen der Sporen könnte ein weiterer Übertragungsweg sein. In der Studie von Słodkowicz-Kowalska et al. wurden die Fäkalien von wilden und aufgezogenen Tauben, die in polnischen Städten leben, untersucht. Hierbei standen die Sporen von *E. hellem*, *E. intestinalis*, *E. cuniculi* und *E. bieneusi* im Vordergrund. In 12 von 139 gesammelten Proben konnten alle vier Mikrosporidienarten positiv nachgewiesen werden. *E. hellem* fand man unter den gesammelten Proben mit 6,4% am häufigsten. Dieser Parasit verursacht den Hauptteil aller Fälle von Mikrosporidiose in wildlebenden und aufgezogenen Vögeln. Als zweithäufigste Art wurde *E. Intestinalis* nachgewiesen mit 2,9%. *E. bieneusi* machte 1,4% der nachgewiesenen Arten aus, genauso wie *E. cuniculi* (Słodkowicz-Kowalska et al. 2013). Es konnte zudem demonstriert werden, dass schon ein Kontakt über 30 Minuten mit Taubenfäkalien ausreicht, um $3,5*10^3$ lebensfähige Sporen von *E. bieneusi* einzuatmen. Selbst wenn man nicht im direkten Kontakt steht, können etwa $1,3*10^3$ lebensfähige Sporen mit der Luft eingeatmet werden (Graczyk et al. 2007).

In Portugal, Spanien, den Niederlanden und den USA wurden Sporen in den Fäkalien von wilden Tauben nachgewiesen. Dies führt zur Annahme, dass Tauben die in der Stadt und den Stadtparks leben, eine Quelle von zoonotisch übertragbarer Mikrosporidiose sein können (Słodkowicz-Kowalska et al. 2013).

Mikrosporidiose tritt im Menschen weltweit auf. Die Verbreitung bei Personen die mit HIV infiziert sind, liegt bei 5-50%, abhängig von der geografischen Region, der angewandten diagnostischen Verfahren und der demografischen Charakteristika einer Population (Ojuromi et al. 2012; Didier, Weiss 2006). Etwa 15% aller HIV-Patienten sind mit Mikrosporidien infiziert. Es ist schwer die Verbreitung von Mikrosporidien abzuschätzen, da die Symptome nicht spezifisch sind oder gar nicht erst auftreten. Zudem werden Mikrosporidien oft in der Differentialdiagnostik nicht in Betracht gezogen (Didier, Weiss 2011).

Mit dem Einsatz hochaktiver antiretroviraler Therapie (HAART) hat die Verbreitung der Mikrosporidien in Europa stark abgenommen. In einer australischen Studie sank die Zahl, der mit Mikrosporidien infizierten HIV-Patienten von 11% auf 0%, allein durch den Einsatz von HAART und dem damit verbundenen Wiederaufbau des Immunsystems. Im Vergleich mit den Entwicklungsländern ist der Zugang zu HAART stark begrenzt und die Häufigkeit der Mikrosporidieninfektionen bleibt hoch (Agholi, Hatam, Motazedian 2013; Stark et al. 2009). Die Zahl der Mikrosporidieninfektionen unter den HIV-Patienten variiert stark. Die Infektionsrate variiert nach Umfragen seit 2000 von 5,2% in Kamerun bis hin zu 81,2% in Thailand (Sokolova et al. 2011).

Enterocytozoon bieneusi ist die am weit verbreiteteste Mikrosporidienart, die HIV-infizierte Individuen befällt. Etwa 100 Genotypen von *E. bieneusi* wurden identifiziert. Unter diesen 100 Genotypen gibt es welche die nur Menschen oder nur Tiere bzw. Tier und Mensch infizieren (Didier, Weiss 2011).

Die Genotypisierung ist ein wertvolles Werkzeug für epidemiologische Untersuchungen. In der Studie von Chabchoub et al. aus Tunesien wurde die ITS- Sequenz der rRNA Gene analysiert, um *E. bieneusi* Stämme aus Stuhlproben von tunesischen HIV-Patienten zu typisieren und zu klassifizieren. Bisher wurden 34 *E. bieneusi* Genotypen, die Menschen infizieren können, gefunden (Chabchoub et al. 2012).

Die ITS-Sequenzierung ist eine sehr häufig angewandte Verfahrenstechnik für epidemiologische Studien. Sie erlaubt den Nachweis von sehr kleinen Unterschieden zwischen den Sequenzen von einem Basenpaar. Die Ergebnisse zeigen drei Genotypen von *E. bieneusi,* isoliert aus sieben tunesischen HIV-Patienten. Am meisten wurde der Genotyp D beobachtet. Dieser kann eine Vielzahl verschiedener Wirte infizieren und besitzt eine

große geografische Reichweite. Zuerst wurde dieser Genotyp in Deutschland nachgewiesen, dann in Amerika, Asien und in afrikanischen Ländern (Chabchoub et al. 2012).

Genotyp B wird als Wirtspezifisch betrachtet und wurde in zwei Patienten nachgewiesen. Dieser Genotyp ist bisher am häufigsten in europäischen HIV-Patienten nachgewiesen worden und wurde kürzlich in drei Patienten in Kamerun beobachtet. Er ist der dominante Stamm in Frankreich, Deutschland, Schweiz und in Großbritannien. Hierbei macht er 50 – 80% aller Isolate aus HIV-Patienten aus (Chabchoub et al. 2012).

Der letzte identifizierte Genotyp ist Peru 8. Dieser wurde bisher nur in HIV-Patienten in Peru beschrieben. Im Zusammenhang mit diesen Ergebnissen existieren verschiedene Arten der Übertragung in Tunesien. Der vorherrschende Genotyp D, der in 51,1% der Patienten nachgewiesen wurde, wird von Tieren oder über kontaminiertes Wasser übertragen. Die Übertragung von Person zu Person wird durch die beiden anderen Genotypen B und Peru 8 unterstützt (Chabchoub et al. 2012).

In Nigeria wurden zur Bewertung und Charakterisierung der Mikrosporidienverbreitung 193 Stuhlproben von HIV-Patienten mit und ohne Diarrhö gesammelt. Hierbei wurden 45 (23,3%) Proben positiv getestet. Über die Hälfte, 37 (52,2%) der positiven Proben, wurde bei Patienten mit Diarrhö identifiziert und einzig 8 (6,3%) bei nicht-Diarrhö Patienten (Ojuromi et al. 2012). In dieser Studie lässt sich ein klarer Zusammenhang zwischen Mikrosporidien und Diarrhö feststellen.

Um eine Artenermittelung durchzuführen wurden zwei Verfahrenstechniken angewendet, den Immun-Fluoreszenz-Antikörper-Test (IFAT) und PCR. Dabei identifizierte man *E. bieneusi* am häufigsten, gefolgt von *E. intestinalis*. Die positiven PCR- Ergebnisse bei *E. bieneusi* sind im Vergleich mit 3,6% geringer ausgefallen, als die Ergebnisse von einer Studie aus Simbabwe, in der 51% der HIV-Patienten positiv getestet wurden. Studien aus Mali, einem Land mit geografischer Nähe zu Nigeria, zeigten mit 6,8% ähnliche Ergebnisse in Bezug auf die Verbreitung von *E. bieneusi* in HIV-Patienten (Ojuromi et al. 2012).

In einer anderen Studie, ebenfalls aus Nigeria, wurde zusätzliche eine genetische Charakterisierung durchgeführt. Unter 436 gesammelten Proben von HIV-Patienten, konnten elf Genotypen von *E. bieneusi* identifiziert werden. Darunter befanden sich sechs bekannte Genotypen. Genotyp D, A und IV wurden am häufigsten nachgewiesen. Zudem ähnelten zwei der neuen Genotypen dem Typ A (Nig1) und dem Typ IV (Nig2). Die Genotypen die häufig im Menschen vorkommen werden zu der so genannte Gruppe 1 zugeordnet. Die anderen drei neuen Genotypen (Nig3, Nig4 und Nig5) gehören phylo-

genetisch nicht zur Gruppe 1. Es ist bisher nur ein Genotyp (CAF4) bekannt, der außerhalb von Gruppe 1 für Menschen pathogen ist. Dieser wurde in einigen Fällen in Kamerun und Gabun nachgewiesen. In dieser Studie konnte nicht gesagt werden, ob diese neu gefunden Genotypen Humanpathogen sind (Akinbo et al. 2012).

In der russischen Studie von Sokolova et al. fand man unter 159 gesammelten Proben von HIV-Patienten, 30 in der Mikrosporidien zu finden waren. Zur Identifikation setzte man verschiedene Färbetechniken ein, sowie Lichtmikroskopie und PCR. Unter den Proben wurden 20 positiv auf *Encephalitozoon intestinalis* getestet. Dieses Ergebnis ist ungewöhnlich, da *E. bieneusi* als weit verbreiteteste humanpathogene Mikrosporidie gilt.

E. bieneusi hingegen wurde in zwei Proben nachgewiesen. *E. bieneusi* und *E. intestinalis* sind allgemein in den Fäzes nachweisbar, können aber auch in anderen Geweben zu finden sein. Die Sporen von *Encephalitozoon cuniculi* und *Encephalitozoon hellem* sind selten in den Fäzes nachweisbar, dafür werden die Sporen hauptsächlich über den Urin verbreitet. Zwei Fäkalproben waren positiv auf *E. cuniculi,* eine auf *E. hellem* und eine Probe wies eine *E. cuniculi* und *E. hellem* Koinfektion nach. Noch ist nicht ganz geklärt, ob alle drei *Encephalitozoon* Arten zu Diarrhöen führen oder ob sie sich auch in HIV-infizierten Individuen auf andere Gewebe ausbreiten und zu weiteren Erkrankungen führen. Zudem sollte auch der Urin auf die Präsenz von Sporen getestet werden (Sokolova et al. 2011).

Die Verbreitung dieser Parasiten beschränkt sich nicht nur auf Personen die mit dem HIV-Virus infiziert sind. In etwa 50% der Fälle von Diarrhöen bleiben die Erreger unbestimmt und es ist möglich, dass die Mikrosporidien dazu beitragen. Unter den Individuen mit Immunsuppression wird vermehrt über Mikrosporidiose in Transplantationspatienten von Organspenden oder Knochenmarks-Spenden berichtet (Didier, Weiss 2011).

Seit 1993 wurden 60 Fälle von Mikrosporidieninfektionen bei Transplantationspatienten berichtet. In Frankreich sind bisher 40 Fälle bekannt, 26 davon bei Patienten von Nierentransplantation. In den USA und den Niederlanden sind jeweils fünf Fälle bekannt, gefolgt von Deutschland, Spanien, Mexiko und Indien mit jeweils zwei Fällen. In Australien, Kanada und Süd Afrika wurde bisher von einem Fall berichtet. Mikrosporidiose tritt am häufigsten unter den Organtransplantationen bei Nierentransplantationen auf (Hernández-Rodríguez, Alvarez-Torres, Uribe-Uribe 2012).

In den meisten Fällen werden die Mikrosporidien nur bis zur Artenebene charakterisiert und bleiben genotypisch unbestimmt (Didier, Weiss 2011). Hauptsächlich infizieren *E.*

intestinalis und *E. cuniculi* die Nieren. Von 39 Nierentransplantationen traten bei sieben Fällen Nierenfunktionsstörung auf, wobei vier davon von *E. cuniculi* und eine von *E. intestinalis* verursacht wurden. In den anderen Fällen wurde nur die Gattung *Encephalitozoon* identifiziert (Hernández-Rodríguez, Alvarez-Torres, Uribe-Uribe 2012). Die Verbreitung von *E. bieneusi* auf molekularer Ebene, unter den Transplantationspatienten, ist begrenzt. So wurde in mehreren Studien der Genotyp C als vorherrschender Genotyp unter diesen Patienten beschrieben. *E. bieneusi* beschränkt sich allgemein nur auf den Verdauungstrakt, wobei sich die *Encephalitozoon* Arten häufig in den Transplantationspatienten von Organspenden auf andere Gewebe ausbreiten. In diesen Fällen lassen sich die Sporen häufig im Urin, aber auch in verschiedenen Geweben oder Körperflüssigkeiten, einschließlich im Stuhl nachweisen (Galván et al. 2011).

Der epidemiologische Status ist in Polen kaum erforscht und bisher existieren keine Daten von intestinalen Mikrosporidieninfektionen nach Organtransplantationen. In einem 15 Jahre alten Mädchen wurde zum ersten Mal *E. bieneusi* nach einer Lebertransplantation nachgewiesen (Bednarska et al. 2013). In zwei Patienten konnte erstmals in Spanien nach einer Nierentransplantation die Infektion mit Mikrosporidien nachgewiesen werden. Nach dem Auftauchen der Magen-Darm-Symptome, einschließlich wässriger Diarrhö, wurde in beiden Patienten der Genotyp D von *E. bieneusi* identifiziert (Galván et al. 2011). In Frankreich wurde *E. bieneusi* in einem 48 Jahre alten Mann, der eine Herz-Lungentransplantation erhielt nachgewiesen. (Rabodonirina et al. *1996*).

Nach einer Stammzelltransplantation wurde postmortal in einer 33 Jahre alten Frau *Tubulinosema acridophagus* nachgewiesen. Eine Art, die bisher im Menschen noch nicht beschrieben wurde. In diesem Fall breitete sich diese Art in verschiedenen Geweben aus, wie zum Beispiel in der Haut, Leber, Lunge und im Peritoneum (Meissner et al. 2012).

Viele dieser Infektionen stammen möglicherweise vom Kontakt mit kontaminiertem Wasser, Nahrung, Aerosolen oder Fäkalien ab. Doch noch ist nicht geklärt, ob auch eine Übertragung über das Spenderorgan möglich ist. Möglicherweise ist auch eine Infektion im Empfänger bereits vorhanden und bricht erst nach einer Transplantation aus (Didier, Weiss 2011).

<u>**6. Symptome**</u>

Die klinischen Symptome bei Mikrosporidieninfektion sind unspezifisch und variieren von der jeweils verursachenden Art. Dabei treten bei HIV-Patienten häufig wässrige Diarrhöen, Unterleibsschmerzen, Übelkeit, Erbrechen und Gewichtsverlust mit Unterversorgung von Nährstoffen auf (Stark et al. 2009; Galván et al. 2011). Die Ausprägung der Symptome hängt stark mit dem Status des Immunsystems zusammen. In HIV-Patienten treten häufig in Zusammenhang mit *E. bieneusi* und *E. intestinalis* und einer CD4+ T Zellzahl unter 50 Zellen pro mm^3 Blut, chronische Diarrhöen mit Gewichtsverlust, Erbrechen und Unterleibsschmerzen auf (Didier, Weiss 2006). Zudem kann sich *E. bieneusi* im Körper ausbreiten und die Atemwege infizieren, sowie Entzündungen der Galle und Gallengänge, sowie den Nebenhöhlen hervorrufen (Polley et al. 2011).

Bei Transplantationspatienten werden für gewöhnlich, bei sich ausbreitender Mikrosporidiose, Fieber, Unterleibsschmerzen, Hornhaut- und Bindegewebsentzündungen und Infektionen der Atemwege mit Husten Brustschmerzen beobachtet (Galván et al. 2011).

Die *Encephalitozoon* Arten sind bekannt dafür, sich im Körper auf andere Gewebe auszubreiten und verschiedenste Erkrankungen zu verursachen, wie zum Beispiel Enzephalitis, Keratokonjunktivitis, Hepatitis, Pneumonie und Myositis (Didier, Weiss 2011). Zudem konnten sie in fast jedem Organ nachgewiesen werden (Didier, Weiss 2006).

E. intestinalis wird für gewöhnlich mit Darmerkrankungen in Zusammenhang gebracht. Dieser Erreger kann unter den *Encephalitozoon* Arten die meisten Gewebe infizieren. Darunter fallen die Nieren, Haut, Augen, die Nasenschleimhaut und die Gallenblase (Stark et al. 2009). Zudem konnte *E. intestinalis* im Speichel, Urin und aus Flüssigkeiten der Lungenbläschen nachgewiesen werden.

E. hellem kann Lungenerkrankung, Hornhaut- und Bindegewebsentzündungen, Nierenerkrankungen und Nasenpolypen hervorrufen.

E. cuniculi kann die Leber, das Bauchfell, die Augen, sowie den Darmtrakt infizieren. Zudem können auch andere Arten die Skelettmuskulatur, Herzmuskulatur, das Gehirn, sowie auch die Lunge, Leber, Nieren und Augen befallen und andere verschiedene Erkrankungen hervorrufen (Barratt et al. 2010).

Tabelle 1: Mikrosporidienarten, die Menschen infizieren (Didier, Weiss 2011)

Species	Site(s) of Infection	Other Hosts
Anncaliia (syns. *Nosema* and *Brachiola*) *algerae*	Eye, skeletal muscle, skin	Mosquito
Anncaliia (syns. *Nosema* and *Brachiola*) *connori*	Systemic	Unknown
Anncaliia (syns. *Nosema*-like and *Brachiola*) *vesicularum*	Skeletal muscle	Unknown
Encephalitozoon (syn. *Nosema*) *cuniculi*	Systemic, eye, respiratory tract, urinary tract, liver, peritoneum, brain, intestine	Mammals
Encephalitozoon hellem	Systemic, eye, respiratory tract, urinary tract, intestine	Birds, fruit bats
Encephalitozoon (syn. *Septata*) *intestinalis*	Systemic, intestine, biliary tract, respiratory tract, bone, skin	Mammals
Enterocytozoon bieneusi	Intestine, biliary tract, respiratory tract, urinary tract	Mammals, birds
Microsporidium africanum (syn. *Nosema* sp.)	Eye	Unknown
Microsporidium ceylonensis (syn. *Nosema* sp.)	Eye	Unknown
Nosema ocularum	Eye	Unknown
Pleistophora ronneafiei (syn. *Pleistophora* sp.)	Muscle	Unknown
Trachipleistophora anthropopthera	Systemic, eye, brain	Unknown
Trachipleistophora hominis	Systemic, muscle, eye	Unknown
Vittaforma corneae (syn. *Nosema corneum*)	Eye, urinary tract	Unknown

7. Diagnoseverfahren

Der Nachweis der Mikrosporidiensporen aus gesammelten Urin-, Fäkalproben, sowie Gewebebiopsien oder anderen Körperflüssigkeiten ist sehr aufwendig und bedarf viel Erfahrung. Traditionell wird in den meisten Laboren die Lichtmikroskopie mit dem Einsatz modifizierter Trichome-Färbung eingesetzt (Stark et al. 2009). Doch diese Technik ist nicht besonders spezifisch und lässt keine direkte Unterscheidung der Arten zu (Sokolova et al. 2011).

Die Transmission-Elektronmikroskopie basiert auf den Nachweis des Polarschlauchs innerhalb der Spore und ist wichtig für das Aufzeigen ultrastruktureller Eigenschaften (Didier, Weiss 2006). Die konventionelle mikroskopische Diagnose hängt sehr von der Erfahrung des Laboranten am Mikroskop ab, sowie die Konzentration der Sporen in den Proben (Barbosa, Rodrigues, Pina-Vaz 2009).

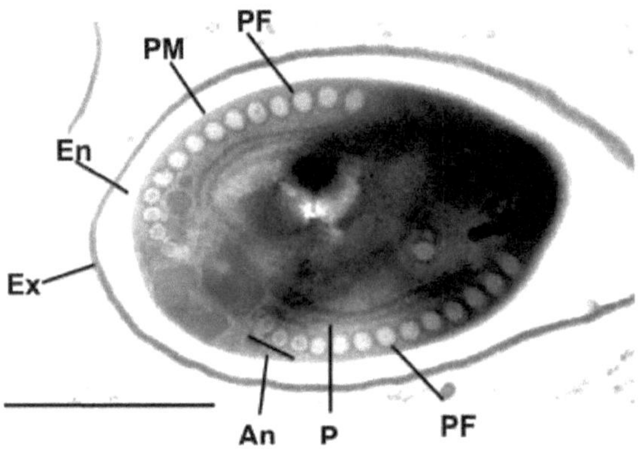

Abb. 4. Transmissionselektronenmikroskopische Aufnahme einer Mikrosporidienspore identifiziert in einer Hautbiopsie. Die Abbildung zeigt den Polfaden (PF) mit 13 bis 14 Windungen, in einer Einzelschicht mit anisofilarer Anordnung (AN); der Plasmamembran (PM); Exospore (Ex); Endospore (En); und Polyribosomen (P).

Maßstabsbalken = 1µm (Meissner et al. 2012)

Der Immunfluoreszenztest ist eine schnellere und sensitivere Möglichkeit Mikrosporidiensporen in Fäkalproben, Gewebebiopsien und anderen Köperflüssigkeiten nachzuweisen. Dabei benutzt man chitinbindende Fluorochrome, wie Uvitex 2B, Calcofluor-Weiß und Fungiqual A, welche man mit Fluoreszenzmikroskope nachweisen kann (Stark et al. 2009; Didier, Weiss 2006).

Mit dem Immun-Fluoreszenz-Antikörper-Test (IFAT) kann man mit polyklonalen und

monoklonalen Antikörpern die Sporenwand Art- spezifisch färben und testen. Solche Methoden unterliegen schnell menschlichen Fehlern und sind zudem sehr zeitaufwendig (Barbosa, Rodrigues, Pina-Vaz 2009).

Für die Diagnose sind auch molekular basierende PCRs verfügbar. Die PCR dient dazu die Nukleinsäuresequenzen des Parasiten zu vermehren und direkt nachzuweisen. Diese Technik besitzt eine hohe Sensitivität und Spezifität, darüber hinaus erlaubt sie eine Artenunterscheidung. Im Vergleich besitzen PCR und IFAT eine ähnliche Sensitivität für den Nachweis bei *E. bieneusi* und *E. intestinalis* (Stark et al. 2009). Die PCR verbessert den Nachweis von Mikrosporidien erheblich. Viele der vorhandenen Tests sind für Forschungszwecke entwickelt worden. Doch durch von ihrer schwierigen Probenvorbereitung und DNA-Extraktionsmethoden schlechter geeignet für routinemäßige Analysen in klinischen Laboratorien geeignet (Rabodonirina et al. 1996).

Die Echtzeit-PCR läuft ähnlich ab, wie die PCR, doch hier muss die Amplifikation und die Analyse der Amplifikationsprodukte nicht mehr getrennt werden. Zudem kann auch nach jedem Zyklus die Menge der amplifizierten DNA gemessen werden (Polley et al. 2011). Für den Nachweis werden aus der extrahierten DNA die mikrosporidialen rDNA-Gene mit Arten spezifischen Primer amplifiziert (Didier, Weiss 2006).

Die Sequenzierung der Internal Transcribed Spacer - Region (ITS) der rDNA- Gene ist eine wertvolle Methode, um die verschiedenen Mikrosporidienarten zu genotypisieren. Sie wird üblicherweise bei epidemiologischen Studien angewandt (Chabchoub et al. 2012). So kann mit dieser Methode zwischen den *Encephalitozoon cuniculi*-Stämmen unterschieden werden. Dabei werden die Wiederholung der 5'-GTTT-3' Sequenz in der ITS-Region gezählt. Somit werden drei *E. cuniculi*-Stämme unterschieden. Den Hasenstamm (Stamm I) mit drei Wiederholungen, den Mäusestamm (Stamm II) mit zwei Wiederholungen und dem Hundestamm (Stamm III) mit vier Wiederholungen (Sokolova et al. 2011). Zudem wurde mit der ITS-Sequenzierung in einer 38 Jahre alten Frau, nach einer Nierentransplantation, auch ein bisher unbekannter Stamm mit fünf Wiederholungen nachgewiesen, den dort genannten Stamm IV (Talabani et al. 2010).

Die PCR besitzt einige Nachteile. Einerseits kann man nicht zwischen lebenden und abgestorbenen Sporen unterscheiden. Andererseits können falsch-negative Ergebnisse, die durch eine zu geringe Konzentration der Parasiten-DNA und PCR-Inhibitoren, wie durch Fette, DNasen oder komplexe saure polysaccharid Proteine, entstehen. Des Weiteren können falsch-positive Ergebnisse durch Kreuzreaktionen, aufgrund von

Kontaminationen auftreten (Ojuromi et al. 2012; Rabodonirina et al. 1996).

Die Flow cytometry (FC) bzw. Durchflusszytrometrie erlaubt eine morphofunktionelle Auswertung und eine Quantifizierung individueller Mikroorganismen. Diese Technik basiert auf der Auswertung der Zellfluoreszenz, welches durch die IFAT-Technik gefärbt wird. FC ist eine schnelle spezifische Verfahrensweise und besitzt ein hohes Sensitivitätslevel, welches 10-mal größer ist als bei der Mikroskopie.

Klinische Proben beinhalten für gewöhnliche viele verschiedene Mikroorganismen, wie Pilze, Bakterien und andere Parasiten. So können Kreuzreaktionen bei dem Einsatz von polyklonalen oder monoklonalen Antikörpern, die mit Fluorochromen markiert sind, entstehen. Daher sollten polyklonale Antikörper eher vermieden werden, da diese an verschiedene Epitope binden können und somit auch andere Mikroorganismen markiert werden.

In dieser Studie von Barbosa et al. wurden keine polyklonalen Antikörper eingesetzt. Mit der Verwendung von Mikrosporidien spezifischen-monoklonalen-Antikörpern färbten sich nur die Mikrosporidien und nicht die eukaryotischen und prokaryotischen Mikroorganismen, die in diesem Gemisch vorhanden waren (Barbosa, Rodrigues, Pina-Vaz 2009).

Serologische Tests werden nicht für routinemäßige Untersuchungen eingesetzt, aufgrund der variablen Expression der Antikörper bei Individuen mit supprimiertem Immunsystem. Generell werden Mikrosporidien nicht in der Differentialdiagnostik bei Diarrhö aufgenommen. Zudem sind die Sporen sehr klein und es erfordert Fachkenntnisse bei der Mikroskopie in diagnostischen Laboratorien. Zudem beeinflussen falsch-positive und falsch-negative Ergebnisse die Diagnose (Didier, Weiss 2006).

Mikrosporidieninfektionen werden üblicherweise mit dem Medikament Albendazol behandelt. Es ist ein Benzimidazol, welches die Synthese der Mikrotubuli inhibiert. Dieses Medikament zeigt eine effektive Wirkung gegen verschiedene Mikrosporidienarten, einschließlich den *Encephalitozoon* Arten und besonders gegen *E. hellem*. Aber es zeigt nur eine geringere Wirksamkeit gegen *Enterocytozoon bieneusi*. Es bewirkt zwar eine verringerte Ausscheidung der Sporen, aber es beseitigt die Infektion nicht vollständig. Zudem konnte ein erneuter Sporenauswurf in den Fäzes, nach der Klärung der Symptome beobachtet werden.

Bei *E. bieneusi* Infektionen ist zudem wichtig den Patienten mit genügend Flüssigkeit und Elektrolyten zu versorgen (Didier, Weiss 2006; Barratt et al. 2010).

Häufig werden Nebenwirkungen mit der Behandlung von Albendazol, wie Bauchschmerzen, Übelkeit, Erbrechen und einer Transaminaseerhöhung im Blut beobachtet. Zudem konnte auch Metronidazol mit Erfolg gegen *E. bieneusi* eingesetzt werden (Şıvgın et al. 2012).

Fumagillin ist eine antibiotische und anti- angiogene Verbindung, die weitaus effektiver gegen die *Encephalitozoon* Arten und *E. bieneusi* ist, aber toxische Nebenwirkungen besitzt (Didier, Weiss 2006). Es führt bei längeren und regelmäßigeren Verabreichung zur Vergiftung des Knochenmarks und der damit verbundenen Abnahme der Thrombozyten (Thrombozytopenie) und neutrophilen Granulozyten (Neutropenie) (Didier, Weiss 2011).

Fumagillin und Albendazol sind beides Medikamente, die am wirksamsten gegen Mikrosporidien wirken. Doch konnte auch eine komplette Beseitigung des Parasiten mit dem Medikament Nitazoxanid, bei einer *E. bieneusi* Infektion in einem HIV-Patienten, herbeigeführt werden (Didier, Weiss 2011).

Die Wiederherstellung des Immunsystems spielt zudem eine bedeutende Rolle. Mit dem Einsatz von hochaktiver antiretroviraler Therapie (HAART) konnte ein Rückgang von Mikrosporidieninfektionen in AIDS-Patienten in Europa beobachtet werden (Ojuromi et al. 2012). Auch bei Transplantationspatienten konnte eine Verbesserung der Gesundheit mit dem Absetzen der immunsuppressiven Therapien in Kombination mit Albendazol bzw. Fumagillin herbeigeführt werden (Galván et al. 2011). Dabei ist zu beachten, dass eine Einstellung der immunsuppressiven Therapie nicht immer in Fragen kommen kann, da das transplantierte Organ vom Körper des Patienten

abgestoßen werden kann (Championa et al. 2010).

Neuste Studien zielen auf eine Entwicklung von verbesserten und verträglicheren Verbindungen ab, die gegen Polyamine, Methionin, Aminopeptidase 2, Chitinsynthese und Topoisomerasen der Mikrosporidien wirken sollen (Didier, Weiss 2006).

Mikrosporidien sind einzellige opportunistische Parasiten. Die vorliegende Arbeit hat einen ausführlichen Überblick über die Mikrosporidien, bei HIV- und Transplantationspatienten, in den oben genannten Bereichen gegeben. Sie kommen in fast allen Lebewesen vor und befallen unter den Menschen hauptsächlich die, deren Immunsystem geschwächt ist. Darunter fallen besonders Personen, die mit dem AIDS-Virus infiziert sind. Aber auch Patienten die eine Transplantation erhalten haben, sind gefährdet.

Die Übertragung des Parasiten geschieht hauptsächlich über den Oral-Weg, wenn die Person mit den Fäkalien bereits infizierter Tiere oder anderer Menschen in Kontakt kommt. Die Infektion betrifft vor allem den Darmtrakt, wo die Sporen über einen komplexen Infektionsmechanismus die Epithelzellen infizieren. Das Hauptmerkmal der betroffenen Patienten, ist die Ausprägung von wässriger Diarrhö mit Unterleibsschmerzen. Jedoch können sich die Mikrosporidien im Körper ausbreiten und verschiedene Organe befallen.

Die genaue Verbreitung dieses Parasiten kann nicht genau angegeben werden, da in Studien an HIV-Patienten unterschiedliche Nachweisverfahren angewendet werden. Diese sind oft nicht sehr spezifisch oder sehr komplex und zeitaufwendig und damit schwer ausführbar. Des Weiteren sind die Symptome der Mikrosporidieninfektion oft unspezifisch und Diarrhö wird zudem oft nicht in die Differentialdiagnose aufgenommen. Zudem ist das Personal in den klinischen Laboratorien oft nicht erfahren genug. Demzufolge können sich schnell Fehler einschleichen und die Ergebnisse verfälschen. Aber auch das Vorhandensein verschiedener Inhibitoren oder anderer Mikroorganismen, sowie die Sporenkonzentration in den Proben spielen eine entscheidende Rolle. Demnach sollten spezifischere, einfachere und/oder schnellere Verfahrensweisen entwickelt werden. Mikrosporidien sollten zudem auch beim Auftreten von wässriger Diarrhö bei HIV- und Transplantationspatienten während der Diagnose in Betracht gezogen werden.

Für die Bekämpfung dieses Parasiten sind mehrere Medikamente vorhanden. Diese zeigen aber nicht gegen alle Arten eine hohe Wirksamkeit oder bringen toxische Nebenwirkungen mit sich. Es zeigte sich zudem schon eine Verbesserung des Gesundheitszustandes, sobald das geschwächte Immunsystem wiederhergestellt

wurde. Allein durch das Einsetzen von HAART konnte in den Industrieländern ein deutlicher Rückgang der Mikrosporidienverbreitung beobachtet werden. Ebenso half das Absetzen immunsuppressiver Therapien bei der Beseitigung. Da aber HAART in Entwicklungsländern nur begrenzt verfügbar ist und beim Absetzen der Therapien bei Transplantationspatienten die Gefahr der Abstoßung besteht, müssen zur Behandlung verträglichere und wirksamere Medikamente entwickelt werden.

Abschließend sollte noch einmal hervorgehoben werden: um einer Infizierung mit Mikrosporidien vorzubeugen, sollte der Kontakt mit Sporen vermieden werden. Das erfordert unbedingte Sauberkeit beim Umgang mit den Fäkalien von Haus- und Nutztieren. Eine weitere Vorsichtsmaßnahme wäre, jeglichen Kontakt mit den Fäkalien von gefährdeten Personen zu vermeiden. Um ein weiteres Risiko auszuschließen, sollten auch vor Transplantationen die Empfänger und die Organe des Spenders auf Mikrosporidien untersucht werden.

10. Literaturverzeichnis

Agholi M, Hatam GR, Motazedian MH (2013) HIV/AIDS-associated opportunistic protozoal diarrhea. *AIDS Research and Human Retroviruses* (DOI: 10.1089/aid.2012.0119)

Akinbo FO, Okaka CE, Omoregie R, Dearen T, Leon ET, Xiao L (2012) Molecular epidemiologic characterization of *Enterocytozoon bieneusi* in HIV-infected persons in Benin City, Nigeria. *Am. J. Trop. Med. Hyg.* 86: 441–445

Andreu-Ballester JC, Garcia-Ballesteros C, Amigo V, Ballester F, Gil-Borrás R, Catalán-Serra I, Magnet A, Fenoy S, del Aguila C, Ferrando-Marco J, Cuéllar C (2013) Microsporidia and its relation to Crohn's Disease. A retrospective study. *PLoS ONE* (doi: 10.1371/journal.pone.0062107)

Barbosa J, Rodrigues AG, Pina-Vaz C (2009) Cytometric approach for detection of *Encephalitozoon intestinalis*, an emergent agent. *Clinical and Vaccine Immunology* 16:1021–1024

Barratt JLN, Harkness J, Marriott D, Ellis JT, Stark D (2010) Importance of nonenteric protozoan infections in immunocompromised people. *Clinical Microbiology Reviews* 23: 795–836

Bednarska M, Bajer A, WelcFaleciak R, Czubkowski P, Teisseyre M, Graczyk TK, Jankowska I (2013) The first case of *Enterocytozoon bieneusi* infection in Poland. *Annals of Agricultural and Environmental Medicine* 20: 287-8

Chabchoub N, Abdelmalek R, Mellouli F, Kanoun F, Thellier M, Bouratbine A, Aoun K (2009) Genetic identification of intestinal microsporidia species in immunocompromised patients in Tunisia. *Am. J. Trop. Med. Hyg.* 80: 24–27

Chabchoub N, Abdelmalek R, Breton J, Kanoun F, Thellier M, Bouratbine A, Aoun K (2012) Genotype identification of *Enterocytozoon bieneusi* isolates from stool samples of HIV-infected Tunisian patients. *Parasite* 19: 147–151

Championa L, Durrbachd A, Lange P, Delahoussef M, Chauvetg C, Sarfatic C, Glotza D, Molinab JM (2010) Fumagillin for treatment of intestinal microsporidiosis in renal transplant recipients. *American Journal of Transplantation* 10: 1925–1930

Didier ES, Weiss LM (2006) Microsporidiosis: current status.
Curr Opin Infect Dis 19: 485–492

Didier ES, Weiss LM (2011) Microsporidiosis: Not just in AIDS patients.
Curr Opin Infect Dis 24: 490–495

Galván AL, Sánchez AMM, Valentín MAP, Henriques-Gil N, Izquierdo F, Fenoy S, del Aguila C (2011) First cases of microsporidiosis in transplant recipients in Spain and review of the literature. *Journal of Clinical Microbiology* 49: 1301–1306

Galván AL, Magnet A, Izquierdo F, Fenoy S, Rueda C, Vadillo CF, Henriques-Gil N, del Aguilaa C (2013) Molecular characterization of human-pathogenic microsporidia and *Cyclospora cayetanensis i*solated from various water sources in Spain: a year-long longitudinal Study. *Applied and Environmental Microbiology* 79: 449–459

Graczyk TK, Sunderland D, Rule AM, da Silva AJ, Moura INS, Tamang L, Girouard AS, Schwab KJ, Breysse PN (2007) Urban feral pigeons (*Columba livia*) as a source for air- and waterborne contamination with *Enterocytozoon bieneusi* spores. *Applied and Environmental Microbiology* 73: 4357–4358

Hernández-Rodríguez OX, Alvarez-Torres O, Uribe-Uribe NO (2012) Microsporidia infection in a mexican kidney transplant recipient. *Hindawi Publishing Corporation Case Reports in Nephrology* Article ID 928083 (doi:10.1155/2012/928083)

Keeling PJ, Fast NM (2002) Microsporidia: Biology and evolution of highly reduced intracellular parasites. *Annu Rev Microbio* 56: 93–116

Meissner EG, Bennett JE, Qvarnstrom Y, Alexandre Dasilva A, Emily Y. Chu, Maria Tsokos, Juan Gea-Banacloche (2012) Disseminated microsporidiosis in an immunosuppressed patient. *Emerging Infectious Diseases Vol. 18, No. 7* (DOI: http://dx.doi.org/10.3201/eid1807.120047)

Moretto MM, Khan IA, Weiss LM (2012) Gastrointestinal cell mediated immunity and the microsporidia. *PLoS Pathogens* (doi: 10.1371/journal.ppat.1002775)

Ojuromi OT, Izquierdo F, Fenoy S, Fagbenro-Beyioku A, Oyibo W, Akanmu A, Odunukwe N, Henriques-Gil N, del Aguila C (2012) Identification and characterization of microsporidia from fecal samples of HIV-positive patients from Lagos, Nigeria. *PLoS ONE* (doi: 10.1371/journal.pone.0035239)

Polley SD, Boadi S, Watson J, Peter AC, Chiodini L (2011) Detection and species identification of microsporidial infections using SYBR Green real-time PCR. *Journal of Medical Microbiology* 60: 459–466

Pomares C, Santín M, Miegeville M, Espern A, Albano L, Marty P, Moriod F (2012) A new and highly divergent *Enterocytozoon bieneusi* genotype isolated from a renal transplant recipient. *Journal of Clinical Microbiology* 50: 2176–2178

Rabodonirina M, Bertocchi M, Desportes-Livage I, Cotte L, Levrey H, Piens MA, Monneret G, Celard M, Mornex JF, Mojon M (1996) *Enterocytozoon bieneusi* as a cause of chronic diarrhea in a heart-lung transplant recipient who was seronegative for human immunodeficiency virus. *Clinical Infectious Diseases* 23: 114-7

Stark D, Barratt JLN, van Hal S, Marriott D, Harkness J, Ellis JT (2009) Clinical significance of enteric protozoa in the immunosuppressed human population. *Clinical Microbiology Reviews* 22: 634–650

Şıvgın S, Eser B, Kaynar L, Kurnaz F, Şıvgın H, Yazar S, Cetin M, Unal A (2012) *Encephalitozoon intestinalis*: A rare cause of diarrhea in an allogeneic hematopoietic stem cell transplantation (HSCT) recipient complicated by albendazole-related hepatotoxicity. *Turk J Hematol* 30: 204-208

Słodkowicz-Kowalska A, Graczyk TK, Nowosad A, Majewska AC (2013) First detection of microsporidia in raised pigeons in Poland. *Ann Agric Environ Med* 20: 13-15

Sokolova OI, Demyanov AV, Bowers LC, Didier ES, Yakovlev AV, Skarlato SO, Sokolova YY (2011) Emerging microsporidian infections in Russian HIV-infected patients. *Journal of Clinical Microbiology* 49: 2102–2108

Talabani H, Sarfati C, Pillebout E, van Gool T, Derouin F, Menotti J (2010) Disseminated infection with a new genovar of *Encephalitozoon cuniculi* in a renal transplant recipient. *Journal of Clinical Microbiology* 48: 2651–2653

Zhang X, Wang Z, Su Y, Liang X, Sun X, Peng S, Lu H, Jiang N, Yin J, Xiang M, Chen Q (2011) Identification and genotyping of *Enterocytozoon bieneusi* in China. *Journal of Clinical Microbiology* 49: 2006–2008